第8版
つくってみよう加工食品

仲尾 玲子
中川 裕子 著

学文社

第8版改訂にあたって

　本書は，1989年に栄養士を目指す学生の食品加工学実習書として編纂致しました。少しずつ見直しながら版を重ねて，この度，第8版を出版する運びとなりました。

　従来の内容に一部加筆し，製造法等や巻末にある資料の見直しを致しました。加工食品の製造と切り離せない食品衛生管理と食品表示についても，2003年5月に「食品安全基本法」が制定され，その後，2015年に「食品表示法」が施行され，食品表示行政の歴史上での大きな転換期となりました。さらに，2018年6月に公布された「食品衛生法等の一部を改正する法律」では，原則としてすべての食品等事業者にHACCPに沿った衛生管理に取り組むことが盛り込まれています。2021年6月までにすべての食品等事業者に，コーデックスのHACCPを要件とする「HACCPに基づく衛生管理」，または，弾力的に運用する「HACCPの考え方を取り入れた衛生管理」のいずれかの適用を求めています。これらについては，資料にまとめました。

　授業の一環としての食品加工学実習にHACCP制度を組み込むことについては，時間の制約も含めて難しい部分があると思います。栄養士，管理栄養士のなすべき仕事を考えると，食品衛生に対する十分な理解を伴わずして仕事ができるとは考えられません。併せて，食品を製造するときに食品表示を考えることは，良い製品を作る上で必要となります。ある意味，新しい時代の食品加工学実習ではHACCPと食品表示を含め様々な内容を総合的に学ぶ場ともなると考えます。

　食材から食品へ変えていく智恵は伝承されなければならないし，また食品をつくることは私達の生活に潤いと喜びをもたらします。食の本質が身近に感じられなくなった今こそ，一人一人が加工食品とはいかなるものかについて体験を通じて学び，これからの食生活に反映させて頂ければと考えます。

　本書を30年以上にわたり教育に使い続けることができましたことは，望外の喜びです。また，このような機会を継続して与えて頂きました学文社に深謝致します。

　　2022年4月

著　　者

序

　近年，わが国はかつてない経済的繁栄を誇っています。私達の生活も過去のどの時代に比較しても豊かであるように思えます。しかし，現在の日本のあり方が，必ずしも私達を真に豊かにしているとは言えないようです。その一つが，わが国の食料自給率のかつてない低下により，私達生命の基本の一つである食料が，海を越えた国々から飼料も勘案して7割も輸入されている現状があります。これら輸入食料の安全性についての不安は，美食と飽食の狭間に食と食生活に対する不安と不満へとつながっているようです。あふれるばかりの食料・食品の裏の一つの姿です。食を私達の手に取り戻すためには，まず，食料・食品を知る事です。

　本書は，食品加工学実習書として編さんしましたが，加工食品を作る基礎技術と同時に，その知恵を学びながら，かつ，原材料の性質や特徴，加工原理を知り，加工食品の知識を豊富にするよう配慮しました。本書で取り上げた実習品目は，試作を行い十分検討を加えたところの原料と副材料の量となっており，温度・時間も同様です。しかしながら，原料の状態や使用器具によっては，量・温度・時間等について適宜加減する必要がある場合もあります。しかし，それはまた，手作りで加工食品を製造する楽しみでもありましょう。家政系大学・短大・栄養士養成施設の実習で行えるよう，原則として3～8人の1グループの作業を前提に原料の使用量を決め，出き上り量の目安を示しました。

　以上，本書により，加工食品を製造する事により，食への興味を拡げ，各自が食の原点を見つめ直す事を願ってやみません。読者と諸先生方のご批判，ご叱正をいただいて，より一層内容の向上を図りたいと思います。本書の著作にあたって多くの業績を引用させていただいた諸先輩各位に，深く感謝致します。また，出版にあたり学文社に多大なるお世話をいただきました事を併せてお礼申し上げます。

　　　　1989年10月

　　　　　　　　　　　　　　　　　　　　　　　　　　　　　著　　者

目　次

I　穀類・芋類・豆類の加工

1　米穀粉の加工品

1）米穀粉製品

　穀粉は米を原料にして製粉したもので，原料からは粳米と糯米があり，工程からはロール製粉，衝撃粉，胴づき粉，また水挽（びき）機（磨砕機）に掛け乳液状にしながら微細にする方法がある。原料を生デンプンのまま製品にするものと，加熱により糊化（α化）したものがある。製法が同じでも，使用する機械や，製品の粒度で用途や名称が異なったりする。穀粉の種類を，図表Ⅰ－1に示した。これらは主に和菓子の原料になる。図表Ⅰ－2に米粉の用途別基準・用途表記を示した。米粉は用途別に1番，2番，3番と分類され，アミロース含有率が異なる。またグルテンを18〜20％程度添加した米粉はグルテンが含有することを明記する必要がある（小麦アレルギー対応のため）。主な穀粉の製造工程を図表Ⅰ－3に示す。この図表の④に示した微細米粉は，米の用途拡大のために，従来の米穀粉より粒子が微細になる製粉法が開発されて製造された製品である。小麦粉の粒度に匹敵する細かい粉体である微細米粉の製法は，衝撃粉に相当する手法が主であるが，製粉メーカーで様々な工夫を行っている。酵素処理製粉技術と呼ばれる米粉は，ペクチナーゼによる酵素処理を行うことにより，今までの米の粒子より丸い形状で小麦粉に近い粉体特性を持つ。二段階製粉では，粳精白米を水洗，脱水後圧扁ロールを通過させて米粒を偏平につぶしてから乾燥し，粉砕する方法である。これら，微細米粉は，小麦粉の代替として従来米粉単独では不向きであった製パンや製菓に利用される。

図表 I－1　穀粉の種類

	粳米	糯米
生デンプン型 （β型）	上新粉 上用粉 微細米粉	白玉粉 餅粉（求肥粉）
糊化デンプン型 （α型）	並早粉 粳上南粉 乳児穀粉（α化米粉）	寒梅粉（焼みじん粉） みじん粉（上早粉） 落雁粉（春雪粉） 道明寺 上南粉

図表 I－2　米粉の用途別基準・用途表記

用途表記	1番	2番	3番
主な用途 項　目	菓子・料理用	パン用	麺　用 （※一部，菓子・料理用を含む。）
粒　度 （μm）	粒径75μm以下の比率が50％以上		
澱粉損傷度 （％）	10％未満		
アミロース 含有率 （％）	20％未満 （適応する用途の詳細は【参考】のとおり）	15％以上 25％未満	20％以上 （適応する用途の詳細は【参考】のとおり）
水分含有率 （％）	10％以上15％未満		
グルテン 添加率 （％）	－		18～20％程度 （※グルテンを添加している旨を明記する必要）

資料出典：米粉製品の普及のための表示に関するガイドラインを改変

図表Ⅰ－3　穀粉の主な用途と製造工程

①上新粉・上用粉　　（団子・柏餅・草餅・すあま・ういろう）

　　粳玄米→搗精→調整（水分18〜19％に）→製粉→篩別→┬上新粉
　　　　　　　　　　　　　　　　　　　　　　　　　　└上用粉（200メッシュ以上）

②白玉粉　　　（餅団子・白玉餅・求肥・大福餅）

　　糯米玄米→搗精→水洗・浸漬→水挽→篩別→┬白粕
　　　　　　　　　　　　　　　　　　　　　└白玉粉乳液→圧搾→切断・整型→乾燥→白玉粉

③上早粉・寒梅粉　（押菓子・豆菓子）
　道明寺粉　　　（桜餅生地）
　上南粉　　　（粒子大－おこし，小－押菓子）

　　　　　　　　　　　　　　　┌→舟煎機で焙焼→製粉→上早粉
　　　　　　　　　　　　　　　├→餅搗→餅→焼上げ（ホットロール使用）→製粉→寒梅粉または
　　　　　　　　　　　　　　　　　　　　　　　　　　　　　　　　　　　　焼みじんこ
　　　　　　　　　　　　　　　　　　　　　　＊せんべい焼機使用は手焼みじんこ
　　　　　　　　　　　　　　　　　　　　　　　または　せんべいみじんこ
　　糯米玄米→搗精→水洗・浸漬→蒸し→蒸米→乾燥→二つ割りまたは三つ割り→道明寺粉
　　　　　　　　　　　　　　　　　　└→蒸米または餅→乾燥→粉砕→煎り上げによる膨脹→米粒状か
　　　　　　　　　　　　　　　　　　　　ら80メッシュに粉砕→上南粉
　　　　　　　　　　　　　　　　　　　　＊原料が粳米の時は粳上南粉

④微細米粉（高性能微粉砕技術）（製パン・和菓子・洋菓子）
　粳米以外に糯米を使う場合やα化した製品がある。
　　原料→研磨→石抜き機→色彩選別機→洗米→浸漬→タンパリング→衝撃（気流）粉砕→乾燥
　　→仕上げシフター→製品

⑤活性グルテン添加のパン用米粉ミックス
　　　　　　　　　　　酵素（ペクチナーゼ）
　　　　　　　　　　　　　　　↓
　　粳精白米→水洗→水浸け（30℃1晩）→衝撃（気流）粉砕→乾燥→脱水→粉末グルテン混合（米粉：
　　グルテン，85：15）→パン用米粉ミックス

2）米穀粉加工品製造法

①　米粉パン（出来上り量　18㎝×9㎝パン型一斤）

　米の用途拡大のため微細米粉が開発されるに伴い，これに活性グルテン添加を約15〜20％行い，製パンすることにより食味のよい米粉パンが開発された。水分含量は米粉パン40〜43％で，小麦粉パンの35〜38％に比較し，しっとりとした食感に仕上がる特徴がある。

　また，微細米粉に他種のデンプンや増粘多糖類を加え，イースト発酵と同時に気泡保持しながら焼き上げる，ガス抜きや2次発酵のない従来のグルテンを利用した製パン法とは異なる米粉パンの製法が開発された。

原料　　微細米粉（グルテンフリー）※……260g　　ドライイースト……………4g
　　　┌片栗粉……………………………40g　　　卵黄…………………………15g
　　　│砂糖………………………………20g　　　バター………………………10g
　　　│塩……………………………… 1g
　　a│水…………………………… 170g
　　　│牛乳………………………………80g
　　　└

※微細米粉100％は，新潟製粉のパウダーライスシリーズや福盛シトギ2号（製菓
　用米粉）などがあり，近年スーパーなどで入手が可能となった。今回の製法は，
　グルテン混入のない微細米粉（パウダーライスD）を使用する。
器具：木べら，ボウル，パン型（パウンドケーキの型では，クッキングシートを型にあわせ敷く
　あるいは，シリコンゴム製のパン型），オーブン
製造工程：

写真 ①

片栗粉・砂糖・
塩・水・牛乳

鍋（ソースパン18cm）に入れ，片栗粉
の塊がなくなるまで木ベラで混ぜる。
（写真①）

混　合

写真 ②

加熱（強火）

だまにならないように木ベラで常に混
ぜ，糊化が始まり，木ベラが重くなっ
てきたら，すぐに火からおろす。
（写真②）

写真 ③

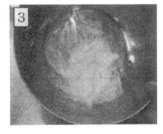

ボウルに移し荒熱を取る

← ドライイースト

さらに混合を続ける。粘度がつき手で
触れる温度に冷めたらドライイースト
を加え，全体に均一になるように混ぜ
る。
（写真③）

写真 ④

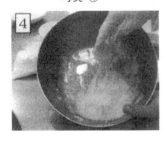

卵黄の混合

ドライイーストが全体的に混ざったら、
溶いた卵黄を全体に均一になるように
混ぜる。
（写真④）

写真 ⑤

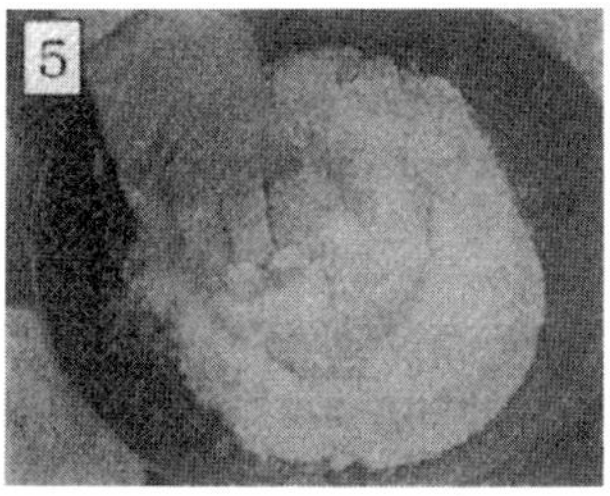

微細米粉の混合

微細米粉を3回に分けながら加え，手の平を使って生地が馴染むように混ぜる。
（写真⑤）

← 溶かしバター

米粉の3回目を加え，混ぜ終わったら，溶かしバターを加え，さらに混ぜる。

写真 ⑥

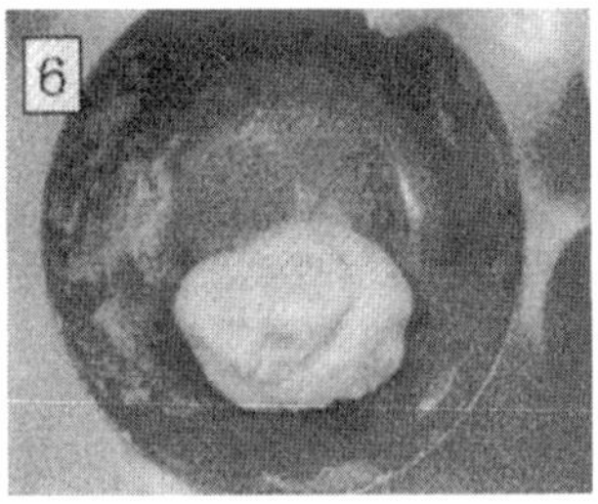

生地のまとめ

つやが出て表面が滑らかになったら型に入る程度の大きさに整える。
（写真⑥）

写真 ⑦

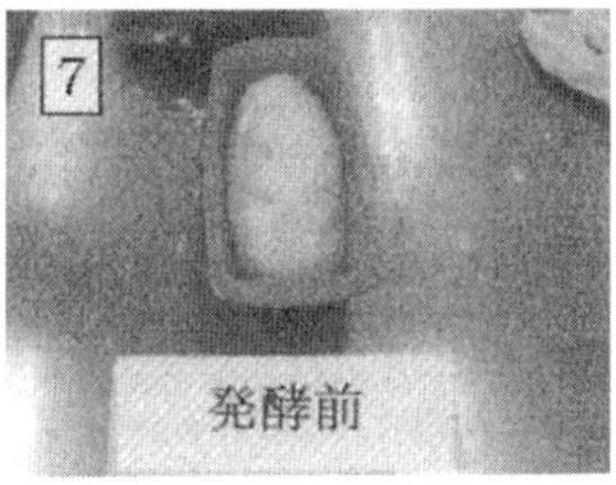

発酵前

型入れ

パン型の中になまこ状にして入れる。
（写真⑦）

写真 ⑧

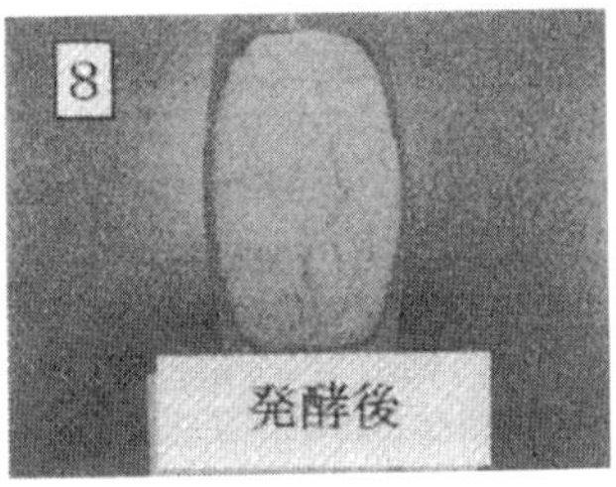

発酵後

発　酵（37℃）

37℃に設定した発酵機で45分発酵させる。約2倍にふくらむ。
（写真⑧）

写真 ⑨

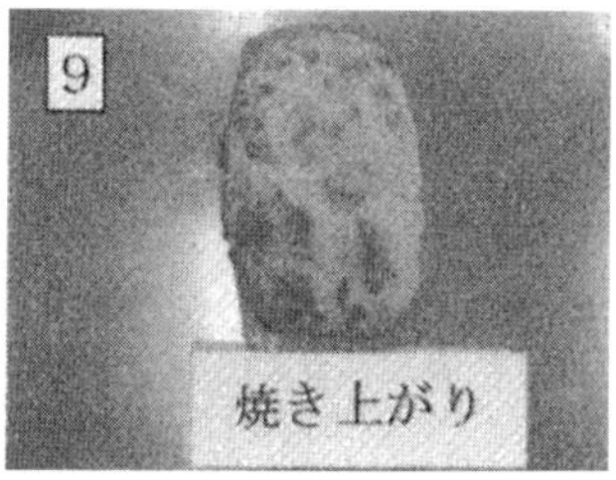

焼き上がり

焼　成（200℃）

発酵終了後200℃に予熱したオーブンで35分焼く。

製　品

焼きあがったら（写真⑨）型から取り出し荒熱を取る。

② 豆乳入り米粉パン（グルテンフリー）（出来上り量　18cm×9cmパン型一斤）

　乳製品や鶏卵を食べることのできない場合は，下記の配合と前述の製法で同じようなパンを作ることができる。豆乳を加えることで，生地の色も小麦粉の色に近くなり，豆乳中のレシチンの乳化効果できめ細やかに作ることができる。

原料：
a
$\begin{cases}\end{cases}$米粉（ミズホチカラ）※1 ………330g
砂糖 …………………………22g
食塩 ……………………………6g
コンニャク粉※2 ……………1.5g

$\begin{cases}\end{cases}$パン酵母（白神こだま酵母）※3 …6g
水（35〜40℃）………………40g

豆乳 ……………………………50g
水（35〜40℃）……………約240g
油（こめ油）…………………25g
離型油 ………………………適宜

写真①

　※1　米粉は品種により膨化力が異なるため，
　　　　パン用適性のある製パン用米粉（ミズホチカラ）を用いる。
　※2　コンニャク粉を添加することで，翌日以降硬くなるのを防ぐ。
　※3　市販されているドライイーストで代用可。

器具：ボウル，泡だて器，計量カップ，計量スプーン，ゴムベラ，ハンドミキサー，ラップ，輪ゴム，
　　　発酵器，パン型，オーブン

製造工程：

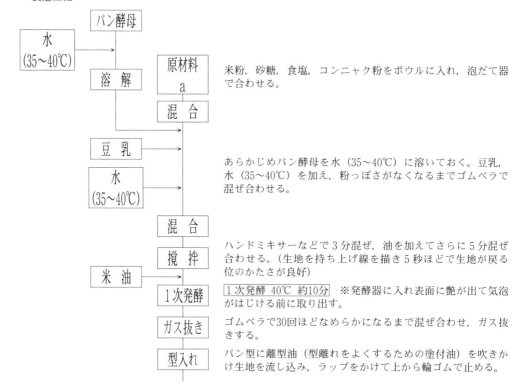

米粉，砂糖，食塩，コンニャク粉をボウルに入れ，泡だて器で合わせる。

あらかじめパン酵母を水（35〜40℃）に溶いておく。豆乳，水（35〜40℃）を加え，粉っぽさがなくなるまでゴムベラで混ぜ合わせる。

ハンドミキサーなどで3分混ぜ，油を加えてさらに5分混ぜ合わせる。（生地を持ち上げ線を描き5秒ほどで生地が戻る位のかたさが良好）

1次発酵 40℃ 約10分　※発酵器に入れ表面に艶が出て気泡がはじける前に取り出す。

ゴムベラで30回ほどなめらかになるまで混ぜ合わせ，ガス抜きする。

パン型に離型油（型離れをよくするための塗付油）を吹きかけ生地を流し込み，ラップをかけて上から輪ゴムで止める。

2次発酵	2次発酵 40℃ 30〜40分　※生地が3倍に膨らむまで発酵させる。
焼　成	食パン型に蓋をし，オーブンで焼成する。予熱なし180℃ 30分　蓋を外し，焼成する。予熱なし210℃ 8〜15分
製　品	※焼き時間は，表面の色を見ながら追加する。型から取り出し，粗熱をとる。ラップや布巾をかけて冷めてから切る。

③　米粉のシフォンケーキ（出来上り量　直径21cmシフォン型1ホール）

　微細米粉は，グルテンを含まないため前述の製パン法でパンを作ることができる。他の用途として鶏卵の気泡力を利用して膨化させるシフォンケーキ，クレープ・お好み焼き・たこ焼きなどへの利用は大変向いている。また，調理における汁物やソース類にとろみをつける際も小麦粉よりダマになりにくいので利用しやすい。

　微細米粉のシフォンケーキの製造は，微細米粉パンより簡単で，しっとりした食感で美味しい。甘さと，サラダ油の使用を控えたシンプルな基本の味のシフォンケーキから，他の材料を配合したバリエーションも示した。

写真②

```
原料：
    ┌ 微細米粉……………………150g
  a │ グラニュー糖………………100g
    └ ベーキングパウダー………5g
    ┌ サラダ油……………………40g
    │ 卵黄……………………………5個
  b │ 水………………………………120mL
    └ （好みで　バニラエッセンス　2〜3滴）
    ┌ 卵白……………………………5個
  c │ 塩………………………………1g
    └ グラニュー糖………………40g
```

器具：ボウル，ゴムべら，泡立て器，電動ハンドミキサー，直径21cmのシフォン型，オーブン

製造工程：

下準備	aの材料をあわせて2〜3回ふるう。焼くまでにオーブンを170℃に温める。
生地のベース作り	bを全てボウルに入れ，混ぜ合わせる。大き目のボウルにaを入れて中心をくぼませ，bを加えて，電動ハンドミキサーで中心から少しずつ混ぜ合わせる。全体が滑らかになるまでよく混ぜる。
メレンゲ作り	水気も油気もきれいなボウルにCの卵白を入れ，ほぐしたら電動ハンドミキサーでゆっくり泡立て始める。卵白に透明な部分がなくなったら塩を加えさらに泡立てる。大きな泡が立ってきたらグラニュー糖40gから一つまみを取って加え，スピードを上げて泡立て続ける。七分立て（ボウルを傾け，泡立ったメレンゲがズルッと滑り落ちるくらい）の状態で残りのグラニュー糖を全て加える。

スピードを落としてさらに泡立て続ける。
ボウルをさかさまにしてメレンゲが落ちなくなるまで泡立てる。

全体の混合

生地のベースにメレンゲの1／4量を加えて，泡立て器でなじませる。
残りのメレンゲを全て加えゴムべらに持ち替えて，メレンゲの泡を潰さないようにしながらも，しっかりと充分に混ぜ合わせる。

焼成 （170℃　50〜60分）

型に生地を流し入れる。
型の底を台にトントンと軽く打ち付ける。
（バリエーション：抹茶は甘納豆を軽く沈ませる様に加える。パンプキン味はパンプキンシード，チョコチップ入りはチョコチップを上に散らす。）
170℃のオーブンに入れ，30分程焼き上げる。

冷却

焼きあがった時に竹串を刺して，竹串に生地がついてこなければ中まで火が通っている。焼きあがったら型ごと逆さにして完全に冷ます。

製品

充分に冷ましたら型からはずし，切り分ける。

【味のバリエーション別材料配合割合】

＜チョコチップ入り＞
　ａ，ｂ，ｃ は，基本と同じ
　チョコチップ…………50ｇ

＜メープルシュガー味＞
ａ ┤ 微細米粉 …………………150ｇ
　　　メープルシュガー……50ｇ
　　　グラニュー糖…………50ｇ
　ｂ，ｃ は基本と同じ

写真③　チョコチップ入りシフォンケーキ

＜抹茶味＞
ａ ┤ 微細米粉 …………………125ｇ
　　　コーンスターチ………25ｇ
　　　グラニュー糖…………80ｇ
　　　抹茶………………………12ｇ
　　　ベーキングパウダー……5ｇ
ｂ，ｃは基本と同じ
甘納豆……………………適量

＜ニンジン味＞
ａ ┤ 微細米粉…………………100ｇ
　　　グラニュー糖……………100ｇ
　　　ベーキングパウダー………5ｇ
　　　ニンジンパウダー…………25ｇ
　　　ニンジンペースト…………35ｇ
ｂ，ｃは基本と同じ（ｂの水120mL は不要）

＜黒糖きなこ味＞
ａ ┤ 微細米粉…………………150ｇ
　　　グラニュー糖……………50ｇ
　　　黒糖………………………50ｇ
　　　ベーキングパウダー……5ｇ
　　　きな粉……………………15ｇ
ｂ，ｃは基本と同じ

＜パンプキン味＞
ａ ┤ 微細米粉…………………150ｇ
　　　グラニュー糖……………100ｇ
　　　パンプキンパウダー ………18ｇ
　　　ベーキングパウダー………5ｇ
ｂ，ｃは基本と同じ
パンプキンシード…………適量

④　米粉のお好み焼き（出来上り量　直径20㎝１枚分）

原料：米粉 ……………………70g　　　　　油 ……………… 小さじ１
　　　豆乳 …………………110mL
　　　水 …………………… 40mL
　　　きゃべつ ……………100g　　　a
　　　長ねぎ …………………50g
　　　イカ …………………… 60g

かつお節	適宜
ソース	〃
青のり	〃
マヨネーズ	〃

器具：包丁，まな板，ボウル，さいばし，計量カップ，計量スプーン，ホットプレート
製造工程：

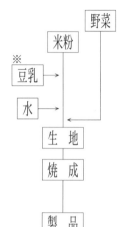

きゃべつは粗みじん切り，長ねぎは小口切りにする。

ボウルに米粉・豆乳・水を入れてよく混ぜる。

写真④

調整した野菜を加えてさっくりと混ぜる。

ホットプレートを180℃に熱し，油を入れて生地を丸くのばして両面を焼く。

お好みでa材料を加えて味を整える。

※豆乳を入れることでふっくらとした焼き上がりとなる

2　小麦粉の加工品

1）小麦加工の歴史

　小麦が米などのように粒食の形態をとらず製粉工程を経て粉食される理由として次のようなことが挙げられる。①小麦は皮部が強靱で胚乳部が概して柔らかいため，小麦粒を粉砕して外皮を除くと加工上労力が少なくて済む。②小麦粒は深い縦溝部があるので外から削っても除去できず，粉砕して除くと効率がよい。③小麦は粒状で煮たものは弾力が強すぎ食味が悪い。④現在栽培の主流になっているパン小麦は，タンパク質のグルテンが様々な加工適性をもつため，製粉により二次加工の利用範囲が広がる。

　以上のような理由で小麦が製粉されていった。その歴史は古く，4〜5千年前には，サドルストーンという窪みの付いた石の皿に穀類を置き，石の棒を前後に動かし製粉していた。現在も世界各地にその製粉法が残っているが大変な労働である。（栄養学的にも食味からも，挽きたての粉が最高なのである）。石の形状や動力は様々な変遷をたどり変化していったが，現在も石臼による製粉は行われている（製粉時に熱をもたず良質の粉が得られるので，日本ではソバ粉の製粉に一部使われている）。近代的な製粉に変化したのは，1820年から1870年のヨーロッパであった。各国で小麦の破砕工程（ブレーキ）に石臼から金属のロール機を使用しはじめ，粉砕工程（レダクション）も同様な方法になった。さらに，純化機（ピュラリファイヤー）も組み込まれ全自動式製粉工程が完成した。

　日本の気候は高温多湿のため，主に栽培されているのは軟質から中間質の赤冬小麦であり，製麺適性があるためにそうめんやうどんとして食べられていた。小麦の製粉が従来の石臼で水車の動力から，機械化されたのは明治26年以降のことである。

2）小麦粉の種類

　小麦の種類は普通小麦の硬質小麦や軟質小麦，デュラム小麦などがある。小麦成分の中で，8〜14％含まれる小麦タンパク質は重要で，製パン・製麺上重要な加工特性をもつ。普通小麦のタンパク質の約80％を占めるグリアジンとグルテニンが加水混捏により，タンパク質のネットワークのグルテンを作り生地（ドウ）に粘弾性を与えるので，パンや麺をうまく作ることができる。デュラム小麦は普通小麦と異なりグルテンが膜を作らず柔軟性があるという特徴があるので，製パン性は乏しくその特性を生かしてパスタ類の製造原料にされている。また，小麦粉に含まれる色素にはカロテノイド系色素やキサントフィル系色素がある。デュラム小麦は普通小麦の2倍以上のカロテノイド色素を含むのでより黄色にみえる。

　製粉された小麦粉は，何度も粉砕されたものほど麩の混入が増加し色調や灰分の増加をもた

らすので等級が下がる。すなわち，デンプン含量の高いものほど良質であるから，特等粉・一等粉・二等粉・三等粉・末粉の順になる。また原料小麦の品種やタンパク含量から，薄力粉・中力粉・準強力粉・強力粉に分類され図表Ⅰ－2，図表Ⅰ－3のような用途がある。薄力粉はタンパク量が少なくデンプン質が多い粉で色も白く，粉の粒度も非常に細かいものである。主な用途は，菓子用でケーキ・クッキー・ビスケット・和菓子・天ぷらの衣などに用いる。三等粉は駄菓子，糊用になる。中力粉は，タンパク量は強力と薄力の中間で粒度は細かいものである。国内産小麦は輸入小麦に比べ品質は劣るが，風味があり素麺やうどんの製麺に適している。フランスパン用，菓子（ビスケット・クラッカー・煎餅）などに使われる。三等粉は駄菓子に使われる。準強力粉は強力粉よりタンパク質量が多少低く粒度は粗く，中華麺・生麺・菓子パンなどに使われる。三等粉は，グルテン・焼き麩・生麩・ソバのつなぎに用いられる。強力粉は，グルテンが多く粗い粉で，二等粉以上の粉は主に食パンに使われる。他，マカロニ用・中華麺・高級乾麺などにも使われる。三等粉は，準強力粉と同様の用途である。デュラム粉は粒度が粗く，一般的に粗い方からセモリナ・グラニュー・デュラムに分けられる。普通小麦とは種類が異なり，タンパク含量は高いがグルテン膜を作らないためマカロニやスパゲティーの原料に使われる。この他，特殊なものとして全粒粉がある。小麦粉製造時，挽砕後に麩や胚芽を分離せずに全部を粉砕したものである。色は灰褐色で，きめが粗くデンプン含量は低くなるがビタミン・ミネラル・食物繊維を多く含む。グラハム粉もこの一種であり，パンやビスケットなどに加工される。

　日本では生産された小麦粉の4％が家庭用（500g・1kgの小袋）に消費され，残り96％は小麦粉加工業で二次加工品製造（25kgの紙袋詰め，あるいは直接タンク車に詰めたバラ輸送）に使われる。家庭用粉としては，薄力粉・中力粉（普通粉）・強力粉の他，国内産小麦原料の地粉（中力粉）などがある。また特殊なものに，学校給食用製パンに使用される小麦粉があり，特殊法人日本体育学校健康センターが取り扱っている。あらかじめ契約した製粉工場から規格（強化小麦の一種：小麦粉100g中ビタミンB_1－チアミン塩酸塩として0.6mg以上，ビタミンB_2－リボフラビンとして0.3mg以上添加）に合致した小麦粉を買い受け，これを各都道府県の指定倉庫まで輸送し，県学校給食会に売り渡している。

I 麺 類

　麺には，うどん，そうめん，そば，中華めん，マカロニ，はるさめなどがあり，その原料としては小麦粉，そば粉，米粉，豆粉，海藻などを用いる。一般に麺といった場合は，小麦粉に食塩と水を加えてこね，細長い線状に成形したものをいう。

1) 製造理論

　うどんは製麺機使用の場合，小麦粉にこね水28〜38%と食塩1〜3%を加え，ミキサーで混合水和し，ロールで圧延する際にその加圧エネルギーでグルテン形成をはかると同時に麺帯の形状を成形し，めん線とする。中華麺は，アルカリ剤を溶解した「かん水」を使用することにより小麦タンパク質に変性をおこさせ，粘度を増加させるもので麺に「のび・弾力・腰の強さ・しこしこした食感・後味の良さ」と，フラボノイド色素をアルカリで黄色に発色させ，独特の香りを与える。

2) 麺類の分類と製造工程

　小麦粉を原料にして製造される麺の製造工程の概略を図表Ⅰ－4に示した。

図表Ⅰ－4　麺類の製造工程

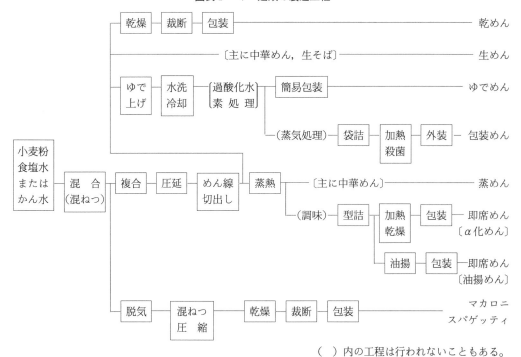

（　）内の工程は行われないこともある。

3) 小麦粉について

　小麦粒を製粉して得られた小麦粉の種類と用途を図表Ⅰ－5に示す。小麦粉中のグルテンは

灰分と共に粉の品質に影響しており，グルテンによって種類，灰分によって等級が決められている。麺類製造に使用される品質を用途ごとに区分すると図表Ⅰ－5のようになる。

図表Ⅰ－5　小麦粉の種類と性状用途

種　類	等　級	グルテン（湿麩%）	灰分（%）	用　途
強　力　粉	1	38　～　42	0.35	高級パン
	2	43　～　47	0.60	パン
	3	48　～　52	0.90	麩用
準強力粉	1	36　～　38	0.40	パン
	2	34　～　36	0.55	麺類
中　力　粉	1	24　～　26	0.35	麺類
	2	30　～　32	0.55	麺類
	3	30　～　32	0.75	雑用
薄　力　粉	1	18　～　20	0.35	高級菓子・料理用
	2	24　～　26	0.55	菓子
	3	26　～　27	0.90	雑用

図表Ⅰ－6　各種めん用粉の品質

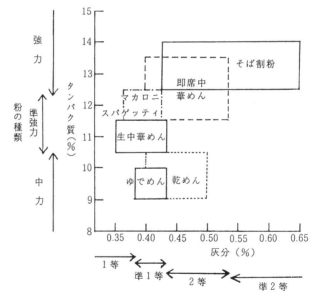

4）小麦タンパク質の特性

（1）一般的なパン・麺類

小麦のタンパク質含量は9～14%程度であるが，それは小麦の種類によって異なり，硬質小麦に多く，軟質小麦に少ない。小麦タンパク質の主なものは，グリアジンとグルテニンであり，全タンパク質の約85%を占めている。この二成分がグルテン（Gluten）の形成に役立ち，生地（Dough）の粘弾性を示している。しかも，二成分それぞれの粘弾性は異なり，グリアジンは伸展性はあるが，弾性が弱く，グルテニンは弾性は強いが伸展性がやや劣る。

　一般に，粘弾性のあるポリマー（Polymer）は，長い鎖状分子がたくさん架橋状に結合したものであり，グルテンの粘弾性もタンパク質分子のＳＨ基やＳ－Ｓ結合を主体とする網目構造によっている。グリアジンとグルテニンの粘弾性の違いは，このＳ－Ｓ結合がグリアジンでは分子内にグルテニンでは分子間に多く存在することによって生じている。

　図表Ⅰ－7に示すように，ＳＨ基をもったタンパク質（Ａ）が酸化されると，分子間にＳ－Ｓ結合を生じ，架橋が起こって粘弾性を増すが，反対に（Ｂ）が還元されると，三次構造から二次構造になって粘弾性が減ってくる。また生地を長くこねていると弾性が弱くなるのは，分子間Ｓ－Ｓ結合が分子内Ｓ－Ｓ結合に変わるためと考えられている。したがって，粘弾性の強い生地をつくるには，次の点が重要である。

　イ　グルテン含量の多い強力粉を用いる

　ロ　粉を熟成させて酸化をはかる

　ハ　酸化剤を粉に加える（安全な薬剤がみつかっていないので使用しない方が良い）

　ニ　過度の混合をしない

なお，生地中に含むデンプン，脂質などの成分も粘性に影響を与える。

　また，小麦粉をかん水で処理したときのアルカリ変性は，中華麺やシュウマイの皮の製造にみられ，グルテン分子中のＳＨ基の増減による。パン生地の粘弾性の変化は，酸化，混合などによる変性のためである。

図表Ⅰ－7　グルテン形成のモデル

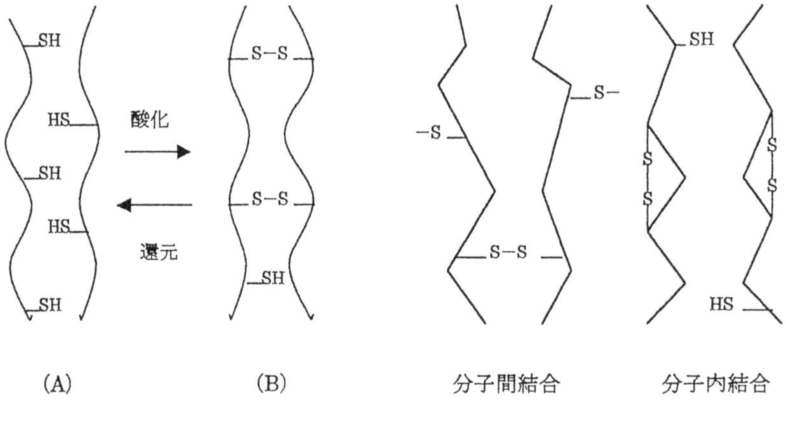

　　　　（Ａ）　　　　　　　（Ｂ）　　　　　　分子間結合　　　　分子内結合

（2）　スパゲティ，マカロニ類

パスタは先に記述してあるように小麦粉からつくられている。一般の麺類との違いは，

　①小麦粉として，デュラム小麦粉の胚乳部のセモリナ（粗粒）を使う。

　②食塩は使用せず，デュラム・セモリナと水が原料である。

　③麺の形状は，高い圧力で金型（ダイス）から押出して成型する。

などである。

　デュラム小麦粉は，一般的な小麦粉とたんぱく質組成が異なりたんぱく質含量は高いが，たんぱく質の DNA が異なるためグルテン膜は形成しない。そのため③の方法の圧出成型で製麺する。また，カロテノイド系色素が多く高圧で押し出すため，製品は透明感のある黄色で緻密な組織になる。

5）麺類製造法

① うどん製造法（出来上り量　約400 g ）

原料：中力粉……300 g
　　　食　塩……粉に対して 2 〜 3 ％
　　　加水量……粉に対して40％（水温30℃に調整）
器具：ボウル，ふるい，温度計，めん棒，包丁，まな板
製造工程：

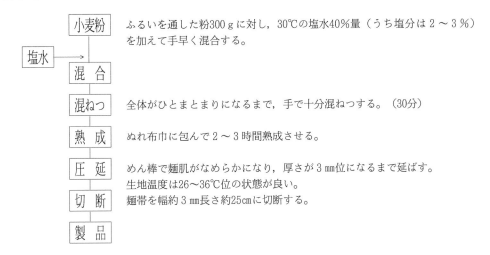

小麦粉／塩水 → 混合	ふるいを通した粉300 g に対し，30℃の塩水40％量（うち塩分は 2 〜 3 ％）を加えて手早く混合する。
混ねつ	全体がひとまとまりになるまで，手で十分混ねつする。（30分）
熟成	ぬれ布巾に包んで 2 〜 3 時間熟成させる。
圧延	めん棒で麺肌がなめらかになり，厚さが 3 mm位になるまで延ばす。生地温度は26〜36℃位の状態が良い。
切断	麺帯を幅約 3 mm長さ約25cmに切断する。
製品	

② ほうとう製造法（出来上り量　約400 g ）

原料：中力粉……300 g
　　　食　塩……粉に対して 1 ％
　　　加水量……粉に対して33〜35％（水温30℃に調整）
器具：ボウル，ふるい，温度計，めん棒，包丁，まな板
製造工程：

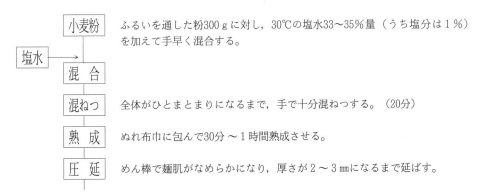

小麦粉／塩水 → 混合	ふるいを通した粉300 g に対し，30℃の塩水33〜35％量（うち塩分は 1 ％）を加えて手早く混合する。
混ねつ	全体がひとまとまりになるまで，手で十分混ねつする。（20分）
熟成	ぬれ布巾に包んで30分 〜 1 時間熟成させる。
圧延	めん棒で麺肌がなめらかになり，厚さが 2 〜 3 mmになるまで延ばす。

| 切 断 | 麺帯を幅約8mm長さ約25cmに切断する。 |
| 製 品 | （写真） |

写真①

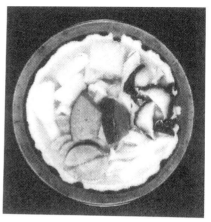

ほうとうの調理法：季節の野菜（カボチャ，ニンジン，長葱）を適宜一緒に15〜20分煮込み，みそ仕立てで食するとおいしい。

③　中華麺製造法（出来上り量　約1.3kg）

原料：中力粉……1kg

かん水……350mL（粉に対して35%）
炭酸カリウム（K_2CO_3）：炭酸ナトリウム（Na_2CO_3）＝（4：1）の混合物を小麦粉に対し0.8〜1.2%を250mL（夏）〜300mL（冬）の水に溶解する。）
市販かん水の場合は8.5gを30℃のぬるま湯350mLに溶解したものを使用する。
鶏卵（L玉）……2個

器具：ボウル，木杓子，めん棒，ふるい，布巾，製麺機，包丁，まな板

製造工程：

中力粉	ふるい分けした小麦粉（中力粉）に溶き卵を加え，ポロポロになるまで全体をよく混合する。
鶏 卵 →	
混 合	
かん水 →	準備したかん水をボウルのまわりからまんべんなくサァーと加え混合し，手早くひとまとまりにする。生地が全体にまとまってから少なくとも30分は混ねつを続ける。
混 合	
混ねつ	粉に対し水分量が少ないので十分な粘性にはならないが，できるだけ滑らかになるよう両手で混ねつする。（この際生地を小塊に分けて混ねつするとよい）
熟 成	水分の分布およびグルテン形成を促進するため30分〜2時間熟成させる。（ぬれ布巾を堅く絞ってかける）
圧 延	打ち粉を使いながらめん棒でまんべんなく伸ばし5〜6mmの麺帯にする。
切 断	伸ばした麺帯を適当にたたんで、さらに製麺機のロールにかけて圧延し、厚さ2〜3mm長さ25cm位に麺帯を調整する。これを製麺機のカッター部にかけ幅2mmの麺線に仕上げる。
製 品	

Ⅱ　パ　ン

1) パンの歴史と種類

　パンの歴史は紀元前4000年にはじまるといわれ，古代最高の加工食品といわれている。穀物の利用は小麦・大麦などを挽き割ったものが雑炊から粥になり，製粉技術の向上から平焼きの無発酵パンへ，そしてパン種の酵母の利用により発酵パンに変化していった。古代エジプトやポンペイの遺跡からは，製粉用石臼・かまどや炭化したパンが発掘されていった。古代の単純なパンは，中世，近世，近代へと伝えられ，ヨーロッパ大陸の伝統的パンを形成している。そして，英国系ブレッドはアメリカ大陸にわたり連続製パン法や冷凍技術を進歩させた。

　日本への伝来は天文12年（1543）で，種子島に標着したポルトガル人によって伝えられた。日本人のために初めてパンが焼かれたのは天保13年（1842），伊豆韮山にパン窯を作った江戸太郎左衛門である。その後明治2年（1871）には，木村安兵衛により東京でパン屋（文英堂）が開業され，明治3年現在の「木村屋」の屋号に改称した。明治7年酒種発酵パンによるアンパンが考案され，後に木村英三郎によって，パンの商業的製造が広まった。

　パンの生産が飛躍的に増大したのは第 2 次世界大戦後の食料不足時代からで，その後米が豊富になってからもパンの消費は伸び続け，戦後は8〜10万 t （小麦粉換算）であったものが昭和56年には120万 t に達し，国民の主食として完全に定着した。わが国のパンの主体は食パンで，全体の50％以上を占める。

　パンの種類は多く，原料による分類（小麦パン・ライ麦パン・両者混合パン・他穀粉パン），麩の混入割合によって（全粒粉パン・黒パン・褐色パン・白パン），膨化による（酵母による膨化・化学膨剤による非発酵パン・無発酵パン"ナン・アラブパン"），加熱方法から（オーブンや鉄板によるベーキング・油揚げ・蒸す），オーブンを使用するときに（型焼きパン・直焼きパン），パンにリッチネスを与える材料の配合率で（無添加−シンプル・少ない−リーン・多い−リッチ・特に多い−ベリーリッチ），他添加材料による分け方や国の名前を付けたナショナルブレッドなどがある。

2) パンの製造理論

(1) パンの膨化と酵母

　酵母により膨化パンができる理由は，グルテン膜が酵母の発酵によって生成した炭酸ガスが膜を膨張させて気泡を作り（すだち），パン生地を膨らませるためである。その他酵母は，膜の伸展性を高め柔らかな食感や発酵生産物の特有のフレーバーがパンのおいしさを作り出す。国産パン酵母は菓子パンのような高糖濃度の生地でも発酵でき，かつ無糖生地でも発酵作用を併せもつ特徴がある。製パンに使用されている酵母は，パン酵母といわれ *Saccharomyces*^{サッカロミセス}

cerevisiae が主に使用される。酵母は糖蜜を原料に好気培養され，増殖した酵母を遠心分離で集め洗浄後脱水機に掛け，これを圧搾し500gに包装（1g中に100億個の酵母を含む），冷蔵出荷される。使用は冷蔵保管で2週間以内，使用量は通常，小麦粉の約1.5％である。近年パン生地の冷凍が行われるようになり，冷凍耐性をもつ酵母も使われている。顆粒状に乾燥したドライイーストもある。パンの製造には培養した酵母を使う以外に，サワー種のように乳酸菌や酢酸菌を使用するパンや，ホップス種のように自然発酵により酵母を増殖させて使用するもの，日本独特の麹種（酒種）等もある。

<＜酵母の科学＞

微生物には，カビ，酵母，細菌などあるが，これらの微生物は，葉状植物に含まれる。酵母は，植物分類上はカビ類と同じ子のう菌類に属するものが多く，形態的にはカビ類とは著しく異なり，単細胞の微生物である。しかし，ふつうの細菌よりはずっと大きく扱いやすい。

酵母を初めて発見したのは1835年フランスのラツール，1837年ドイツのシュワン，キュツインクの3人で発酵液中から発見した。その後，形や繁殖法を研究して，繁殖は芽生によるものであることを見い出した。マイヤーはこれに学名をつけ，サッカロミセス，すなわち糖を含んだ液中で繁殖する菌とした。

酵母がアルコール発酵と密接な関係があることを明らかにしたのはフランスのパスツールで，その後ハンゼンらの研究により確認された。酵母の研究では，ドイツのブフナーが知られている。彼は，アルコール発酵は酵母の中に含まれる酵素の働きによるものであることを証明した。酵母という名称は，本来はアルコール発酵をし，しかも単細胞で芽生 [注1] する微生物に与えられた名称である。後に単細胞ではないがアルコール発酵をする微生物，また芽生ではなく分裂により繁殖するがアルコール発酵をするものなどが発見され，現在ではこれらも含めて酵母と呼んでいる。清酒，ぶどう酒，パンなどの日常重要な酵母は芽生である。酵母には多くの属があり，そのうち食品微生物として重要なものは，ほとんどがサッカロミセス属である。

酵母の大きさや形は，環境条件によって異なる。すなわち，栄養分，水分，pH，培養温度（一般には40℃以下）などの諸条件により影響を受け，同一条件で培養するとその主な形はほぼ一定。大きさは普通の細菌よりずっと大きく，長さは2～3μmのものから20～30μmに達するものまで，幅は1～10μmを呈す。顕微鏡観察では600倍で十分観察が出来る。大きい酵母の代表的なものはビール酵母で，一般に野生酵母は小さく，培養酵母はサイズが大きい。

写真 ①

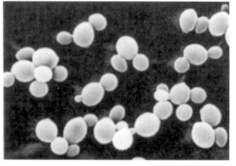

酵母細胞は，写真①のように一番外側に厚い細胞壁，その内側に薄い細胞膜を持ち，その中

に細胞質が満たされている。細胞壁は，構造が強固であり，細胞内部を保護し細胞の形を一定に保つ。また細胞壁には，娘細胞が出芽して離れたあとがリング状になり出芽痕と呼ばれるものがある。内部の細胞質には，核，液胞，ミトコンドリア，小胞体，リボソーム，ゴルジ体脂肪粒などが存在する。

　　注1）芽生

　　　酵母の繁殖はふつう出芽によって行われる。これは細菌の場合の分裂と異なり，細胞の一端に小さな突起が生じこれがしだいにおおきくなって最後にくびれてとれる。芽を出しつつある細胞を母細胞といい，母細胞から出た芽を娘細胞という。細胞表面には母細胞から分裂したとき誕生痕がのこる。このようにして，つぎつぎに出芽が起こり，細胞数をふやしていく。酵母が胞子をつくりうるか否かは，酵母の分類上最も重要な標識とされている。胞子をつくる場合には，酵母の細胞がそのまま胞子母細胞になり子のう胞子をつくる。胞子を形成すると，細胞は胞子を包む子のうになる。胞子の形は球形や長円形のものが多いが，野生酵母で変わった形の胞子もあり，出芽法のほかに，細菌のように分裂を行う酵母もある。

　　(2)　無発酵パンについて

　パンは先に述べたように，種実，とくに麦とそれを砕く歴史でもある。紀元前6，7千年，メソポタミヤにおける小麦栽培が，パンづくりの始まりにつながるといわれているが，初めは大麦と小麦の混合粉を水で捏ねて土釜で焼く無発酵平焼パンと，粉を濃いかゆ状の固まりにして発酵させてから土釜で焼く発酵パンであったとされている。その後，エジプトにおいてパンの生産は飛躍的に進み，エジプト人はパンを焼く人，パンを常時食べる人といわれるほど製パン技術が評価された。

　無発酵の平焼パンは，現在も中近東から北アフリカに及ぶアラブ諸国で食べられている。粉を水で捏ねた生地を薄く伸ばして，土釜の内壁に張り付けて焼く当時のままの製法でつくっており，インドではこれを“チャパティ”といい，中近東から北アフリカのイスラム系の人は“ナン”とよぶ。また，無発酵パン(中近東，アラブパンなど)ともいう。イランでは，主食は“ナン”と“ポロ(御飯)”に大別される。下層の人々は安いナンを多く食べ，ポロは，ごちそうの部類に入る。

　ナンはその厚さ，大きさなど形態と風味によって，バリバリ，タフトゥーン，ラワーシ，サンギャーギなどとよばれる。材料はいずれも粉，塩，水のみで，自然種発酵〜無発酵，バルバリは2〜4cm厚の円形〜わらじ形，タフトゥーンは5mm厚の円形，ラワーシはもっとも薄い1〜2mm厚の矩形，サンギャーギは2〜3cm厚の牛タン形である。サンギャーギは熱した小石や羊の糞の上に並べて焼くが，そのほかは内焚きの土釜の内壁に張付けて焼く。

　アラブパンは薄い塩味で，楕円形〜円形に平たく整形された先に述べたナンのような非膨化無発酵（発酵させず膨らまさない)から僅膨化（発酵させてわずかに膨らます）発酵の中近東諸国のパン．ピタパン（pita）または，ポケットパンがある。代表的なバラディ（balady）は，

リーンな（砂糖，油脂，乳製品などの配合量がないか少ない）配合で短時間発酵後楕円形に薄く伸ばし，高温（320〜420℃）の石窯の内壁に張り付けて焼く。生地は急速に膨張して大きい空洞（ポケット）をつくるが，窯出し後はしぼむ。このポケットにフィリングを詰めてサンドイッチのように食べる。中近東，とくにエジプトに多いパンである。

(3) 発酵パン

＜製パン時に使用する酵母の種類＞

製パンにおけるイーストの機能は，生地中の糖発酵によるガス発生と生地の膨張，ガス発生に伴う生地の物性変化と熟成，代謝産物によるフレーバーの賦与，栄養価の付加である。

① 生イースト

わが国で使用されるイーストの90％以上が生イーストの形で消費される。その理由の1つとして，北海道，関東圏，静岡，新潟，大阪，兵庫，山口各地に点在する7社工場からの商流網が確立されている点が挙げられ，流通上の制約から保存性の高いドライイーストを使用するというケースは見当たらない。

② ドライイースト（活性乾燥酵母）

ドライイーストが製パンに使用される目的は，生イーストに比べて，ミキシング時間の短縮，生地処理性の向上，パンの色つき改善，パンの風味増強などの効果があるためで，わが国ではハードロールや高級食パンなどに利用されることが多い。ドライイーストは，その発酵産物の香味成分がよいとされているためフランスパンなどに代表されるリーン（低配合）な硬焼きパンによく使用される。

また，インスタントドライイーストは茶色の顆粒状でサラサラとしている。粉に混ぜ込むことが可能なので使用方法は非常に簡単。香りはドライイーストよりも劣るが，酵素活性が勝っていて，発酵力も強い特徴がある。インスタントドライイーストには無糖生地（砂糖を添加しないパン生地）仕様と加糖生地（砂糖を添加するパン生地）仕様の2種類があり，使い分けが可能である。

③ 培養野生酵母

酵母は，土や水の中，野菜や草木の表面，穀類，樹液，とくに好んで果実の外皮などで他の菌類と共生して生きており，400〜500種類にも上る。これらの野生酵母の中から，より強力なものを選んでその環境をこわさないように自然のまま採集し，食品を利用した培養器で培養したものを野生酵母種という（一般的には天然酵母という名称が使われている）。

④ 酒種法

昭和初期，イーストがわが国で使われるようになるまでは日本の菓子パンはこの製法で作られていた。特徴としては，表皮が薄く柔軟でありほんのりと麹の香りがありデンプンの老化が遅い。

　製造上の注意は，使用するすべての器具を完全に熱湯消毒する，麹は必ずパン麹（七分咲き麹）を使用することである。生地への酒種の使用量は20％〜30％である。最近ではイーストと併用してアンパンなどに使用し，イーストの発酵力と酒種の味と香り，あるいはクラストの薄さ，老化が遅いことなど，お互いの長所のみ引き出して利用する傾向が強い。

⑤　ホップ種法

　この方法におけるホップの役割は，雑菌の除去とフレーバー生成であり，発酵力をつけるのは，ホップと併用される馬鈴薯である。ホップ種パンの特徴としては，老化が遅い，苦みがあり，味が淡泊である，パン特有のイースト臭がないが挙げられる。一方，種作りに手間が掛かる，一定品質の種を得るのが難しい，製パンに時間がかかるなどが短所となる。

⑥　サワー種法

　ライ麦パンを焼き上げるために必要なライ麦発酵種で，ライ麦と水を混合して数日間かけて種を起こす。種に毎日粉と水を継ぎ足して発酵を続けると，次第に酸味と芳香が生じてくる。適度な酸味と香りが良好な種に成長したところでパン生地に用いる。焼き上がったライ麦パンはロッケンミッシュブロートと呼ばれる。他，優れたパン種としてパネトーネ種やサンフランシスコサワー種は，野生酵母と植物性乳酸菌が共存している種として有名である。

(4)　無発酵パン

①　無発酵パン製造法

　ⓐ　ナン製造法（出来上り量　6枚分）

　　　原料：強力粉‥‥‥‥‥‥‥‥‥‥200 g　　　　塩‥‥‥‥‥‥‥‥‥‥‥　2 g
　　　　　　薄力粉‥‥‥‥‥‥‥‥‥‥170 g　　　　卵‥‥‥‥‥‥‥‥‥‥‥50 g（1個）
　　　　　　ベーキングパウダー（B. P)‥‥‥6 g　　　牛　乳‥‥‥‥‥‥‥‥‥‥200 mL
　　　　　　砂　糖‥‥‥‥‥‥‥‥‥‥　10 g
　　　　　　無塩バター‥‥‥‥‥‥‥‥‥15 g※
　　　　　　打ち粉‥‥‥‥‥‥‥‥‥‥　適宜
　　　　　　※インドでは「ギー」と呼ばれるバターを用いる。通常水牛の乳を原料に作ったバターの状
　　　　　　　態からさらに加熱・濾過してつくる透明感のある製品。
　　　器具：ボウル，篩い，スケッパー（包丁），麺棒，オーブン，クッキングシート
　　　製造工程：

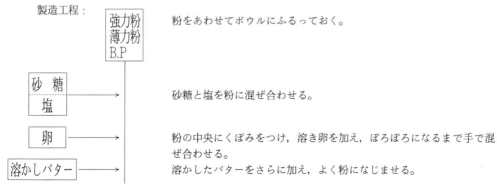

強力粉 薄力粉 B.P	粉をあわせてボウルにふるっておく。
砂　糖 塩	砂糖と塩を粉に混ぜ合わせる。
卵	粉の中央にくぼみをつけ，溶き卵を加え，ぼろぼろになるまで手で混ぜ合わせる。
溶かしバター	溶かしたバターをさらに加え，よく粉になじませる。

牛乳 ————→ 分量の牛乳を手早く加え，ひとまとまりになるまで手でこねる。

混ねつ 生地をボウルから取り出し，台の上でなめらかになるまで，5〜7分充分混合する。

ベンチタイム 生地を丸めて，堅く絞ったぬれ布巾をかけて40分ほど生地を休ませる。

分割 生地をスケッパー（包丁）で6等分に分割する。（写真①）

成形 軽く打ち粉をふった台で，麺棒を使って洋なし形にのばして成形する。（写真②）

焼成 天板にクッキングシートをひき，170℃のオーブンで生地が膨らんで薄く焼き色がつくまで，7〜10分焼く。

やや膨らみにかけるが，フライパンで代用してもよい。この場合は，弱火でじっくりふたをしながら焼き色がうっすらつくまで焼く。

製品 焼きたてのアツアツを食する。（写真③）

| 写真 ① | 写真 ② | 写真 ③ |

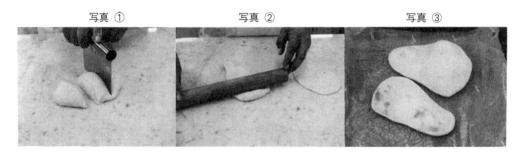

ⓑ チャパティ製造法（出来上り量 6枚分）

原料：全粒粉……150g
　　　塩…………小さじ 1／6
　　　水…………95mL
器具：ボウル，計量カップ，スケッパー（包丁），麺棒，フライパン
製造工程：

全粒粉 / 塩 ボウルに全粒粉，塩を入れ良く混ぜる。

水 ————→ 分量の水を一気に加え，ひとまとまりにする。（冬季は30℃にあたためて加える）

混ねつ ボウルの中でまとまったら，台にだして，さらに3分ほど軽く混合する。

分割 6等分に分割する。

成形 平たい円筒状に形作り，麺棒で生地を90度づつ回転させながら直径12cm位の円形にのばしていく。

焼成 フライパンに入れてごく弱火で，ところどころが白っぽくなってきたら裏返して火を通す。（写真①）

直焼き ガスコンロを強火にして，一気に下から生地を加熱する。フワーと生地が膨らんだら直ちに火から下ろす。

製品 （写真②）

写真 ①　　　　　　　　　　　　写真 ②

ⓒ スコーンの製造法（出来上り量　6〜8個分）

材料：薄力粉………………………200g
　　　ベーキングパウダー……3g
　　　無塩バター………………50g
　　　グラニュー糖…………50g
　　　牛　乳………………80mL

器具：ボウル，麺棒，包丁，クッキングシート，オーブン

製造工程：　　　　　　　　　　　オーブンを220℃に予熱しておく。

```
┌──────────┐
│  薄力粉  │
├──────────────┤
│ ベーキングパウダー │
└──────────────┘
```
薄力粉とベーキングパウダーを合わせて，粉ふるい（裏ごし器）で
ふるっておく。

```
┌────────┐
│ バター │──→
└────────┘
```
　2cm角に切ったバターを加え，擦り合わせるようにして混ぜる。
※バターがすでに柔らかい場合は切らなくてもよい。

```
┌──────────────┐
│ グラニュー糖 │─→
└──────────────┘
```
グラニュー糖を加え，全体を混ぜる。

```
┌────────┐
│ 混　合 │
└────────┘
```
（チョコやドライフルーツなどを加える場合はここで加える。）

```
┌────────┐
│ 牛　乳 │──→
└────────┘
```

```
┌────────┐
│ 混ねつ │
└────────┘
```
牛乳を2回に分けて加え，素早く全体を混ぜまとめ上げる。
※この時捏ねすぎないようにすること。

```
┌────────┐
│ 分　割 │
└────────┘
```
クッキングシートの上に生地を移し，麺棒で生地を2cmの厚さに広
げて包丁で切る。

切り方の例

※切り口の切れ味が悪いと膨らみが悪くなる。
※切ったら出来るだけ触らない。

焼 成

製 品

クッキングシートを敷いた鉄板に並べ，予熱しておいたオーブンで
15〜18分焼く。
※焼き時間は様子を見ながら加減する。

② 発酵パンの製造法

　野生酵母パン製造方法

　ⓐ レーズン酵母種の製造

　　原料：オーガニックレーズン（ノンオイル）＊……200 g
　　　　　ぬるま湯（35℃程度）………………………200 mL
　　　　　小麦粉（強力粉または，全粒粉）…………325 g
　　　　　水………………………………………………150 mL
　　　　　＊使用するレーズンは，化学農薬と肥料をしない，有機農法で栽培されたものを入手し
　　　　　たい。また，オイルコーティングしてあるものは，酵母の抽出をする際に油分がある
　　　　　と抽出が十分できないため，表面をオイルでコーティングしてないものを購入する。
　　器具：保存ビン（600 mL位の容量がはいるもの），ガーゼ，ボウル，さいばし
　　製造工程：

保存ビン

煮沸殺菌

使用するビンと蓋は雑菌があると酵母菌の繁殖のさまたげになる
ため，あらかじめ沸騰水浴中で15分間の煮沸殺菌を行う。

干レーズン

写真 ①

ぬるま湯 200 mL

写真 ②

　干レーズンを蓋付きの保存ビン
に入れ，ぬるま湯（35℃程度）
をレーズンが浸る程度まで注ぐ。
良くふってレーズンをぬるま湯
と混合する。（写真②）

混 合

35℃

ぬるま湯 追加

7－8時間で最初の水を吸水してしまうので，再度浸る位のぬる
ま湯を適宜追加して補う。

エキス抽出

室温（25〜30℃）で一週間ほど静置して，レーズンが浮きあがっ
てアワがぷくぷくと出てくるまで，発酵を行う。

発 酵

蓋を開けるとプシューという音を立て，アルコールのにおいがし，浮き上がったレーズンをさわってみると，かすかすの状態になったら発酵終了。

エキス絞り

ボウルにガーゼを広げ，発酵の終了した干レーズンからエキスを絞る。エキスは冷蔵庫で2〜3週間ほどの保存が可能。

写真 ③　　　　　　　　　　　写真 ④

エキス100ｇ

強力粉
125ｇ

絞ったエキス100ｇをボールに取り，強力粉を加える。
手を使ってエキスと粉を混ぜあわせ，約10分間指先でやさしくたたみ込むようにしてこねる。（写真⑤）

混ねつ

写真 ⑤

成 形

生地を丸くまとめて，まとめ終わりを下にして，ボウルに入れる。表面に軽くラップをして，30℃を保って発酵を行う。（室温が30℃より低い冬場なら，家庭用オーブンの発酵機能付きの中や，大きめの発泡スチロール容器に熱湯を入れたビンを入れて保温するなど工夫して，自家製ホイロで行う。）
約8時間後には量は2倍に膨れる。（ゆっくりと時間をかけて発酵を行う野生酵母の場合は，温度が高い条件だと生地がだれたり，酸味の強い生地になりやすいので，やや緩やかに発酵が進むくらいのほうが望ましい。）
（写真⑥）

酵母培養

写真 ⑥

発酵生地

水150mL

強力粉200ｇ

生地が倍に膨らんだら，水150mLと強力粉を200ｇ加えて先ほどと同様に，手でやさしく10分間こねて，さらに生地が2倍になるまで発酵して，酵母を増やしていく。

干ブドウ酵母種

野生酵母種は冷蔵庫で2〜3週間の保存が可能。（パンを焼いて酸味が強くなった場合は再度酵母種を作る。）

ⓑ 野生酵母パン製造（出来上り量　パン型10cm×20cm×深さ10cm 1本分）

原料：干ブドウ酵母種　……………120 g
　　　小麦粉（強力粉）…………300 g
　　　塩 ………………………… 1 g（ひとつまみ）
　　　ぬるま湯（35℃）…………150 mL
器具：ボウル，パン型，ホイロ（発泡スチロールなど），蒸し器，オーブン，
製造工程：

酵母種にぬるま湯150 mLを加えて，手で良く溶かす。

充分なじんだら，分量の強力粉と塩を加えて，さらに良くこねる。

体重をかけながら，生地をたたみこむように何度も繰り返して，約15〜20分生地に弾力が出るまで，混ねつする。

生地を2等分にして丸め，丸め終わりを下にして，パン型に入れる。
パン型ごとホイロの中（30℃前後）で約2時間発酵を行う。
（酵母種で発酵状態が異なるので2倍になる位を目安に発酵時間を取る。）
オーブンをあらかじめ200℃に温めておき，発酵の終了した生地を表面色がきつね色になるまで，約30分間焼成する。

自家製野生酵母パンの程良い香りと食感が楽しめる。

写真 ⑦

3　コンニャク

1）製造理論

コンニャクは，里芋科に属する多年生の草木で地下茎は球茎をなし，この球茎を一般にコンニャク芋とよんでいる。この球茎の2〜3年たったものが，加工原料として用いられる。球茎の主成分はグルコマンナンで12％位含まれている。このグルコマンナンがアルカリにあうと凝固する性質を利用して熱水に溶解してから水酸化カルシウムで凝固させる。

製造法には，生芋から直接作る場合と，生芋からコンニャク粉を作り，それを原料に作る二通りがある。

2）原　料

コンニャク粉の製法

コンニャク芋→水洗→短冊状に細断→熱風乾燥120〜140℃で90分→粉砕機で粉砕→風選によりガラス質のグルコマンナン粒子と芋の繊維質に分別する（ガラス質のグルコマンナン粒子は重いので残る）

コンニャク粉の等級 { 特等粉…2年玉300g以上で傷のない芋から製造
1等粉…原料芋に傷が有った場合

図表I－8　コンニャク粉のとり方

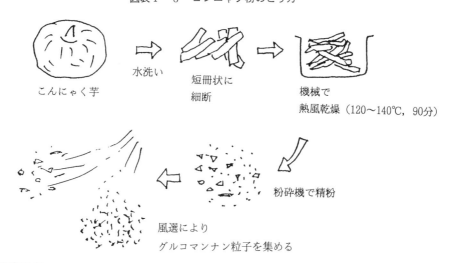

こんにゃく芋　水洗い　短冊状に細断　機械で熱風乾燥（120〜140℃，90分）

粉砕機で精粉

風選によりグルコマンナン粒子を集める

3）製造要点

⑴　のり作りのポイントは，水質，水温，倍率に左右される。水質はなるべく中性の軟水がよく，水温はグルコマンナンの溶解と密接な関係がある。低い温度で溶かすと最高の粘度が出るまでに時間がかかり，水温が高くなるにしたがって速くなる。

⑵　練りの工程は，のりを溶解して一定時間おき，十分に膨潤溶解したものをさらによく撹

拌してグルコマンナンの粘力を最高度に利用するもので，この場合強く早く撹拌すると，特にアルカリを加えた場合はグルコマンナンの分子の結合をたち切ってしまうのでさけなければならない。

⑶　アク入れの工程のアルカリの量は精粉重量の1/20〜1/30。生芋の場合は生芋重量の1/200〜1/300が標準である。アルカリの種類には水酸化ナトリウム，炭酸ナトリウム，水酸化カルシウム（消石灰）等があるが，主に消石灰を使用する。アルカリの使用量は少ないと固まらず多すぎると製品に弾力がなくなる。

⑷　コンニャクの熱処理は，加熱が過ぎると凝固がすぎて製品が小さくなり，表面につやがなくなり，弾性も失われる。また加熱が少なすぎると，弾性がなく指でおさえるとくぼんだり変型する。理想的な煮沸方法は沸騰手前のお湯で加熱し，中心部が80〜85℃になってから20〜30分行う。

⑸　コンニャク保存中の変質を防ぐには，製品のアルカリ度と，保存水のアルカリ度を同じにすることが大切で通常pH11前後が適度である。

⑹　コンニャク芋で直接作ったものをコンニャク玉という。皮を混入すれば色の黒いものができる。またコンニャク粉より色の黒いコンニャクを作る場合は黒粉を混入する。黒粉はワカメ，アラメなどの粉末である。白滝（糸コンニャク）は精粉を水で硬目（25倍位）に練り上げアルカリ化後白滝絞り機によって60〜70℃の熱湯の中に絞り出し，撹拌しながら3〜5分間煮沸し60〜70℃の熱湯を入れたタンク内に移しかえて保温貯蔵する。

4）コンニャク製造法（出来上り量　約1.7kg（6丁分））

原料：コンニャク粉……50g（コンニャク芋の場合約500g）
　　　　水……2L
　　　　水酸化カルシウム（消石灰）※……1.5g／100mL
　　　　※強アルカリ性の薬品なので，皮膚や粘膜に付着させたり，吸引しないように取り扱いに注意する。

（副材料）：以下の材料を好みに応じて準備し混合してもよい。
　　　　青じそ……10枚
　　　　きくらげ（乾燥）5g＋ゆで筍40〜50g
　　　　青のり……小さじ3
　　　　パプリカ……小さじ1〜1.5
　　　　人参50g＋しいたけ（中位のもの）5〜6個
　　　　いりごま……小さじ2
　　　　ゆかり……小さじ3
　　　　副材料は必要に応じて下調理しておく。
　　　　・青じそは良く洗い2〜3cmの細かいせん切りにし水に放してアクを除く。
　　　　・きくらげは水でもどしゆで筍と共に1cm位の角切りにする。
　　　　・人参は3〜4cm長さのせん切り，またしいたけは細切りとし湯通しする。
　器具：ボウル，泡立器，ゴムベラ，温度計，型箱

製造工程:

```
┌─────────┐
│  水 2L  │
└────┬────┘       40℃位のぬるま湯にコンニャク粉を加え，中火にかけ絶えず泡立器でゆっ
┌─────────┐      くりかきまぜる。（黒コンニャクの場合は海藻粉末を2g添加する）
│コンニャク粉│→    （コンニャク芋の場合）
└────┬────┘      コンニャク芋をたわしでよく洗い，特にへこみの部分，いたんでいる部分，
（＋海藻粉末）      芽の出ているところ（ここにエグ味が強い）をよく取り除く。おろし金を
┌─────────┐      使ってコンニャク芋をすりおろす。これを2Lの水の中に入れる。
│ 混  合  │
└────┬────┘
┌─────────┐
│ 加  熱  │
└────┬────┘
┌─────────┐      コンニャクの香りがして粘度が高まり，透明なのり状になるまで（約15分
│ 糊  化  │      位）練り，火からおろす。（写真①）
└────┬────┘
┌─────────┐
│ 混  合  │
└────┬────┘
┌─────────┐      約60℃まで冷ます。
│ 放  冷  │
└────┬────┘
┌─────────┐
│（副材料）│──→   （必要に応じて下調理した副材料を適宜加えて混合する。）
└────┬────┘
┌─────────┐      100mLのぬるま湯に凝固剤を懸濁させたものを加え直ちに激しく撹拌す
│ 凝固剤  │──→   る。（30〜40秒）（写真②）
└────┬────┘
┌─────────┐
│ 混合撹拌 │
└────┬────┘
┌─────────┐      凝固剤が均一に混ざったらすぐにあらかじめ水でぬらしておいた型箱に手
│ 型  詰  │      早く流し入れ，内部の空気を抜いて静置する。（写真③）
└────┬────┘
┌─────────┐      約30分〜1時間放置し，指で押してもへこまない程度になったら型から出
│ 放  置  │      す。
└────┬────┘
┌─────────┐      水が沸騰手前の状態でコンニャクの内部温度が80〜85℃位になるまで約
│ 湯  煮  │      20〜30分の湯煮を行う。（写真④）
└────┬────┘
┌─────────┐      水に一夜浸漬する。
│ アク抜き │
└────┬────┘
┌─────────┐
│ 製  品  │
└─────────┘
```

写真 ①

写真 ②

写真 ③

写真 ④

4　豆　腐

1）製造理論

　豆腐は，大豆の水溶性タンパク質を固めたものである。大豆のタンパク質は，グロブリンに属するグリシニンで本来グロブリンは水に不溶性であるが大豆中には塩類が多いため容易にグリシニンが溶出される。この溶出したタンパク質を加熱し，CaまたはMg の塩類によって加熱変性させ凝固したものでこれを型箱で成型させる。

2）豆腐の種類

⑴　普通豆腐（木綿豆腐）……豆乳に凝固剤を入れて固めたプディング状の凝固物を穴のある型箱に移し，上から重石で圧搾し，ゆ（水分）を除去して適当な硬さとしたのち，水の中で箱から取り出したものである。

⑵　絹ごし豆腐……濃厚な豆乳に凝固剤を加え，豆乳全体を凝固成型させたものである。

⑶　ソフト豆腐……絹ごし豆腐のような固め方をしたのち，おしをしてある程度ゆをとって硬さを備えたものである。

⑷　袋豆腐（包装豆腐）……豆乳を凝固剤と一緒にポリエチレンの袋に注入し，密封したのち再び加熱して凝固させたものである。

3）原　料

⑴　大豆……一般に帯黄白色で皮がうすく，繊維の少ない，肉質の厚い，タンパク質含量が多く，かつ水溶性成分の多いものがよい。また，大豆は古くなるにしたがってタンパク溶出量が低下するので，新しいものがよく，タンパク質および脂肪含量の多いものがよい。品種では日本産大豆がよい。現在はアメリカ産の大豆の需要が主である。

　納豆をつくる際の大豆の浸漬時間と吸水量の関係は，大豆の種類，新旧，水温などで異なってくるが，大体の標準は次の通りである。

図表Ⅰ－9　水温と大豆浸漬時間

種類　　　水温	0〜5℃（冬）	18〜25℃（夏）	10〜16℃（春秋）
国内産大豆	24〜30時間	10〜14時間	16〜20時間
中国産大豆	24〜36	12〜15	18〜22
米国産大豆	24〜36	13〜16	18〜24

図表 I −10　浸漬の程度と大豆の状態

| 不足 | 適当 | 過度 |

(2)　凝固剤……凝固剤は以前は塩化マグネシウム（天然ニガリ）や塩化カルシウムが用いられたが，最近では硫酸カルシウム（$CaSO_4 \cdot 2H_2O$）が使用されている。硫酸カルシウムは水に溶けにくく，豆乳に入れた場合の凝固反応が塩化物に比べて遅く，保水性，弾力性のすぐれた豆腐がよい歩留りで得られ，かつ凝固状態にむらが少ないので，使いやすい性質をもっている。その他，最近開発されたグルコノデルタラクトンがある。これは水によく溶け，放置すると加水分解を受けてグルコン酸となる。また加熱によって分解は一層早く進行する。絹ごしおよび袋豆腐用凝固剤として用いられる。使用量としては，大豆重量の2〜3％とする。

(3)　消泡剤……現在もっとも多く用いられているのは酸敗油に水酸化カルシウムを加えて練り合わせたペースト状のものである。一種のカルシウム石けんとみるべきものである。消泡効果はカルシウム石けんの界面活性作用によるもので豆乳は消泡剤の添加によりpHが上がり，これが凝固反応に影響し，かさの大きい保水力の高い豆腐となる。この他の消泡剤として従来の消泡剤の欠点を補う意味もあり最近シリコン樹脂製消泡剤が実用されている。これは食品衛生法によって食品用に使用を許可されているもので使用量は50ppm（消泡すべきもの1kgに対して0.05g）以下となっている。品質が一定し，豆乳のpHや凝固反応には大きな影響をもたないのが特徴である。

4）豆腐製造法

①　普通豆腐（木綿豆腐）（出来上り量　約500g（2丁分））

原料：大豆……300g
　　　凝固剤…硫酸カルシウム（大豆に対し2〜3％）
　　　（消泡剤……サラダ油小さじ1程度）
　　　水……原料大豆の1.4倍
器具：鍋，ボウル，穴のある豆腐型箱，さらし布，磨砕機（ミキサー），木綿袋，温度計，ゴムベラ，木杓子

製造工程：

大豆を計量後水洗いし，夾雑物や浮き上がる大豆は取り除く。

夏（水温17〜22℃）なら7〜10時間，冬（水温5〜10℃）なら20〜22時間浸漬する。

重量で原料大豆の約2倍になる。

大豆中のタンパク質の溶出をよくするため磨砕機（ミキサー）で浸漬大豆の1.4倍量の水をそそぎながら磨砕する。（約3〜4分）これを呉汁という。磨砕は細かくしすぎると，ろ過の時不溶性の微粉がろ布を通過するからよくない。

呉汁の加熱の目的は大豆成分の溶出をよくし，また大豆の生臭みをとることにある。普通は108〜110℃で約3分間加熱するのが理想であるが100℃近くで約5〜10分間沸騰させる。（この時泡が出てふきこぼれるなら，必要に応じ消泡剤を数滴加えて，ふきこぼれを防止する）

加熱した呉汁を木綿袋に入れ，圧搾ろ過する。袋に残ったオカラは再度少量の水につけて二番搾りをし，前の豆乳と合わせる。豆乳はナイロン袋でもう一度ろ過すると，一層よい製品ができる。

豆乳凝固の適温は75〜80℃である。80℃以上では豆腐の面が荒くなる。75℃以下では腰が弱くなる。豆乳の温度が低い場合は再び加熱する。凝固剤を温水（豆乳1Lに対し100mL）に懸濁させておき，豆乳中に加え大きく静かに5〜6回攪拌し静置させる。過度の攪拌は，凝固を硬くし，かさの少ないものにする。

穴のある豆腐箱にさらし布をしき凝固した豆乳を流し込むと水が穴から流出してくる。上部にも布の端をおおって蓋をし軽い重石をのせる。漸次重くして行きそのつど歪みを直し20分位経過すれば凝固が完成して豆腐となる。家庭では，豆腐箱の代用として，ザルに木綿布をしき凝固した豆乳を入れて布で周囲と上を覆い，蓋と軽い重石をして置くと30分位で弾力ある豆腐ができる。

出来上がった豆腐はくずさないように型箱から取り出し冷水中に約30分入れて過剰の凝固剤を溶出させる。

② 絹ごし豆腐（出来上り量　約600 g（2丁分））

　原料：大豆　200 g
　　　　凝固剤……硫酸カルシウム（大豆に対し2～4％）
　　　　（消泡剤……サラダ油小さじ1程度）
　　　　水………原料大豆の1.4倍
　器具：ボウル，ゴムベラ，木杓子，厚手の鍋，豆腐型箱，磨砕機（ミキサー），温度計，ろ過袋
　　　　（シーチング地）
　製造工程：

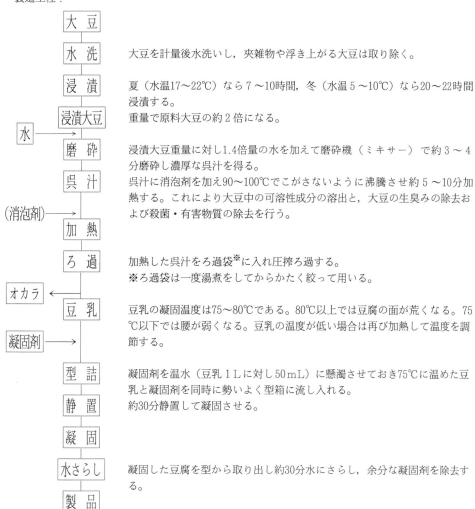

大豆を計量後水洗いし，夾雑物や浮き上がる大豆は取り除く。

夏（水温17～22℃）なら7～10時間，冬（水温5～10℃）なら20～22時間浸漬する。
重量で原料大豆の約2倍になる。

浸漬大豆重量に対し1.4倍量の水を加えて磨砕機（ミキサー）で約3～4分磨砕し濃厚な呉汁を得る。
呉汁に消泡剤を加え90～100℃でこがさないように沸騰させ約5～10分加熱する。これにより大豆中の可溶性成分の溶出と，大豆の生臭みの除去および殺菌・有害物質の除去を行う。

加熱した呉汁をろ過袋※に入れ圧搾ろ過する。
※ろ過袋は一度湯煮をしてからかたく絞って用いる。

豆乳の凝固温度は75～80℃である。80℃以上では豆腐の面が荒くなる。75℃以下では腰が弱くなる。豆乳の温度が低い場合は再び加熱して温度を調節する。

凝固剤を温水（豆乳1 Lに対し50 mL）に懸濁させておき75℃に温めた豆乳と凝固剤を同時に勢いよく型箱に流し入れる。
約30分静置して凝固させる。

凝固した豆腐を型から取り出し約30分水にさらし，余分な凝固剤を除去する。

③ がんもどき（出来上り量　約600 g一口大15個分）

　原料：＜主原料＞
　　　　　木綿豆腐………370 g×2丁（水切り後630 g前後）
　　　　　大和芋※1　……90 g
　　　　　荒塩……………4 g（全体量の0.5％）
　　　　　卵白……………1個分

コーンスターチ（or片栗粉）……5ｇ（全体量の１％）

揚げ油……………………………適宜

※１：イチョウ芋でもよいが，長芋は水っぽいのでつなぎとしてはむかない

＜副材料＞※2

アレンジ１	アレンジ２
ニンジン……………60ｇ	ニンジン……………60ｇ
水戻しひじき………20ｇ	水戻しきくらげ………20ｇ
（乾物で4ｇ）	（乾物で3ｇ）
枝豆（むき）………30ｇ	ギンナン……………35ｇ
たけのこ……………50ｇ	（真空パック包装でも可）
	さやいんげん………30ｇ

※2：副材料として，オレンジ，緑，黒，白系の配色が程よくマッチしていれば，この他にも青シソ，ごま，コーン，グリンピースなど季節の食材を適宜取り入れることができる。

器具：はかり，包丁，まな板，布巾，おろし金，さいばし，すり鉢，すりこぎ（フードカッターでもよい），温度計，揚げバット，天ぷら鍋，キッチンペーパー，計量スプーン，

製造工程：

木綿豆腐 ─ 圧縮 ─ 水切り

大和芋 ─ すりおろし

木綿豆腐を布巾に包み，まな板の上に載せて，やや斜めに傾斜させながら，上からまな板重量くらいの重石を載せて，20〜30分水分を除く。（木綿豆腐の最初の重量から，15％ほどの水分が除ければよい。）

大和芋は，目の部分だけ包丁でこそぎ取り（薄皮はむかない），おろし金ですりおろしておく。

混合

写真 ①

水切りした豆腐をすり鉢に入れ，すりこぎで形をくずしながらすりつぶす。そこへ，すりおろした大和芋を加えて，粘りが出るまでさらに充分すりつぶす。（写真①）

荒塩

調味

写真 ②

荒塩，卵白，コーンスターチの順に加えて味を調え，まとまりのよい硬さに調節する。（写真②）

卵白

コーンスターチ

混合

副材料

調整

→ 混合

成型

フライ

油きり

製品

写真 ③

アレンジ1
ニンジン，たけのこは荒み
じんに切り，ひじきは戻し
て軽く包丁を入れ，枝豆は
ゆでてさやから出しておく。
（冷凍枝豆を用いると手軽
で色も良い）（写真③）

アレンジ2
ニンジン，さやいんげんは
荒みじんに切り，きくらげ
は戻して千切りにする。ギンナンは殻つきのものはあらかじめ乾煎
りして，薄皮までむいておく。（真空パックのギンナンが年間を通
して流通しているので，これを用いると便利である。）

副材料を混合した種を，スプーン2本を使ってボウル状あるいは一
口大の小判型（この場合は，軽く手に油をつけてで成型を行うと種
の取り扱いが良い）に成型をする。

写真 ④

油の温度は最初120℃で3〜
4分じっくりと種の中心部
まで火を通し，一度油きり
をしてから，次に170〜180
℃の高温で表面がきつね色
になるまで揚げる。
（写真④）
キッチンペーパーにとり，
余分な油分を切る。

そのまま食べてもおいしい
が，おろし大根や生姜醤油
を添えると味わい深い。お
でん種としても重宝する。
（写真⑤）

写真 ⑤

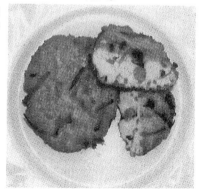

5 糸引納豆

1) 製造理論

糸引納豆は，蒸煮大豆に納豆菌（*Bacillus Natto*）を繁殖させてつくったもので，大豆中のタンパク質が納豆菌の生産する酵素によってグルタミン酸などに分解され，呈味を増し，同時に消化されやすい形に変化したものである。糸引納豆は，古くはワラなどに蒸煮大豆を包んで自然に納豆菌を繁殖させてつくられていたが，現在では，純粋培養した納豆菌を接種し，紙容器，経木，発泡スチロール（PSP）などに包装され培養してつくられる。

2) 納豆の種類と特徴

糸引納豆は生産量が多く，生産地域も全国的になっているので納豆といえば普通は糸引納豆を指す。その他，納豆には塩納豆があり，京都，奈良，浜松など特定地域の名産品として生産され，京都の大徳寺納豆，奈良の浄福寺納豆，浜松の浜納豆などがその代表的な製品である。

⑴ 糸引納豆……主発酵菌は納豆菌というバクテリアであり熟成は早いが，製品の保存性が短い。また，製品は曳糸性の強い多量の粘質物をつくることを特徴としている。

⑵ 塩納豆……大豆麹を塩水に浸け込んで熟成させるので，その主発酵菌は，はじめは麹カビであり，後半は耐塩性の酵母や乳酸菌となる。食塩濃度が高いので熟成期間は比較的長く，普通は数カ月から1年位かかる。製品は黒褐色の半乾製品として販売される場合が多く，糸引納豆のような粘質物の生成はまったくなく，塩味と旨味がよく調和して独特の風味をつくっている。食塩を多量に使っているので，保存性もある。

3) 原 料

⑴ 大豆……一般に豊肉種の黄大豆が用いられ，品質的には，信州，福島，宮城などの国内産大豆がよいとされているが，粒形が比較的大きいため，むしろ北海道産の十勝種の小粒を選別して使用している。小粒大豆は吸水率が高く蒸煮が容易で，製品歩留りのよいこと，また，食べやすいなどの点から納豆用に使用される。国内産大豆は，炭水化物（特に蔗糖）の含量が多く，甘味があり風味もよいため納豆菌の繁殖がよく，粘質物の形成にもすぐれている。輸入大豆としては，中国大豆のほうが好まれ，米国大豆は糖質が少なく，組織が堅いため，吸水，蒸煮が困難で，菌の生育が悪く作りにくい。

⑵ 納豆菌……枯草菌の一種で，ワラなどに付着し芽胞を形成する好気性菌で生育至適温度は40～45℃，pHは6.5～7.5である。植物性のタンパク食品で生育が旺盛であり粘質物の生産も多い。大豆に対する菌の必要量は，18～20時間の発酵で60mg／1kgである。粉末菌体は扱いにくいので，滅菌水に菌体（500mg／100mL）を懸濁させ必要量を滅菌ピペットで秤取し接種するとよい。

4） 糸引納豆製造法（出来上り量 約800ｇ）

原料：大豆……350ｇ
　　　納豆菌(液体培養菌)※ １mL…………市販納豆菌粉末 0.1ｇ／滅菌水 10mL
　　　※納豆菌が手に入らない時は，市販の納豆数粒を用いる。
器具：ボウル，圧力鍋，ざる，滅菌ピペット，包装容器（経木），温度計，定温器
製造工程：

大豆	
水洗	原料大豆を水洗いし，夾雑物などを取り除く。
浸漬	大豆の2.5〜3倍量の水に浸漬する。浸漬時間は水温により異なるが，17〜22℃で7〜10時間，5〜10℃で20〜24時間である。
水切	十分に吸水させた大豆を水切りする。
煮熟	圧力鍋に大豆を入れ，ひたる程度の水を加え，目皿を上からかぶせ蓋をし，オモリが動いてから約8分沸騰させ5分蒸らす。煮上がりの目安は指で軽く押してつぶれる程度である。
水切	圧力鍋をボウルに水をはった中で急冷後，中の蒸気をぬきオモリをとり，蓋をあけ大豆を水切りする。
菌の接種	煮大豆を60℃位まで冷まし，納豆菌をピペットを用いて接種し，全体を軽く混合する。（写真①）
混合	
包装	菌の接種を終えた納豆を容器に100ｇずつ盛り込む。（写真②） （容器は経木が手に入ると通気性があり余分な水分を吸収して菌の繁殖が良好）
発酵	温度40℃前後，湿度85〜90％の定温器に入れて培養する。約8時間後に菌の増殖に伴う発熱で品温が48℃位に上昇し，表面が白い膜でおおわれる。この時発酵室の戸を開き品温を下げ，温度40℃前後，湿度80〜85％で18〜20時間位熟成させる。大豆は表面に白く薄い菌膜を生じ，多量の粘質物を形成したものがよい。
放冷	定温器から出した納豆は冷所に一日放置し，風味を整える。
製品	糸引納豆は粘り気に富み特有の芳香と適度の軟らかさがあり，煮大豆と同様の色沢を有するものが良品である。（写真③）

写真 ①

写真 ②

写真 ③

6　ピーナッツバター・ピーナッツクリーム

1）製造理論

　炒ったピーナッツに少量の食塩を加えてすりつぶすことにより，細胞成分がクリーム状になって溶出しペースト状の食品になる。外観等がバターに似ているので"ピーナッツバター"といい，これに砂糖や水飴で調味してクリーム状にしたものを"ピーナッツクリーム"という。

2）原　料

　ピーナッツ（南京豆，落花生ともいう）の種類には大粒のバージニア種や油の多い小粒のスパニッシュ種・ランナー種（アメリカにおけるピーナッツバター用の品種）があり，わが国では前者が多い。ピーナッツバター製造時には大粒で形のそろったもの，よく成熟したものを十分乾燥させて使用する。

3）ピーナッツバター製造法（出来上り量　約400ｇ）

　　　原料：ピーナッツ（無塩）　400ｇ（or 落花生550ｇ）
　　　　　　食塩　原料豆の1％（4ｇ）
　　　器具：フードカッター，包丁，まな板，ゴムベラ，ボウル，計り，保存容器
　　　製造工程：

```
 ┌──────────┐
 │ ピーナッツ │
 └──────────┘
       │
 ┌──────┐   ┌──────┐
 │ 食 塩 │──→│ 磨 砕 │
 └──────┘   └──────┘
       │
 ┌──────────┐
 │ 製　　品 │
 └──────────┘
```

＊落花生の場合　よく成熟した乾燥品を選び，いり鍋に入れ，約160℃で30分間焦げないように丁寧に炒りあげる。中身が黄褐色になって表面に油がにじみ出る程度が良い。炒った落花生は殻を除き，渋皮を完全にとり除く。（写真①)にとり除く。（写真①）
または渋皮ごとフードカッターにかけると色付き，風味がよく，食品ロスも少なく作業が容易となる。

ピーナッツの重さの1％の食塩を混合し，フードカッターにかける。
（写真②）

回転を始めて3分経過したところで一度スイッチを止め，切歯をとり出し底部からゴムベラで別のボウルに中身を取り出す。再度切歯をセットし，原料を加え，さらに均一なバター状になるまで2分程練り上げる。
（写真③）

表面がなめらかで，舌ざわりの良いものが良品である。保存は温度が高いと油脂が分離して品質がおちるので冷蔵庫に入れる。サンドイッチ，和え物等に利用する。

写真 ①　　　　　　　　　写真 ②　　　　　　　　　写真 ③

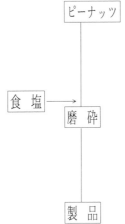

4）ピーナッツクリーム製造法（出来上り量　約450 g）

原料：ピーナッツバター　200 g

ⓐ { 砂糖　ピーナッツバター量の50％（100 g）・食塩　ピーナッツバター量の0.5％（1 g）
　　水あめ　ピーナッツバター量の50％（100 g）

　　　　　　　　・水　ピーナッツバター量の60％（120 mL）（固め）　〜
　　　　　　　　　　　　　　　　　80％（160 mL）（やわらかめ）} 適宜調節

器具：フードカッター，ゴムベラ，鍋，計り，温度計，保存容器

製造工程：

| ⓐ原料 | ⓐ原料を鍋に入れて煮沸し，十分に混合させて調味液をつくる。 |

ピーナッツバター　→

| 磨砕 | 調味液が70〜80℃になったところでフードカッターにピーナッツバター，調味液を入れて2分練り合わせる。（写真①） |

| 製品 | クリーム状のなめらかさをもち，つやのあるものが良品である。保存はピーナッツバターと同様に行う。（写真②） |

写真 ①　　　　　　　　　　　　　写真 ②

7　ぶどう豆

1）製造理論

大豆に糖分を十分に含ませて煮込んだ煮豆で，タンパク質に富む常備菜として好適。

2）原　料

大豆は国産大豆の白鶴の子が一般的に出まわっていて，煮豆に向く。

3）ぶどう豆製造法（出来上り量　約500ｇ）

原料：大豆……200ｇ　日本産の茶目，白目の中粒程度のもの（秋田大豆・白鶴の子大豆など）
　　　砂糖……150ｇ　仕上がりにこくと艶を与えるには中双目がよく，さっぱり仕上げるには上
　　　　　　　　　　白糖を用いる。
　　　醤油……大さじ1／2
　　　昆布……3ｇ　あらかじめもどした早煮昆布が扱いやすい。
器具：圧力鍋，あるいは厚手の鍋，ボウル，木杓子，包丁，まな板，落とし蓋
製造工程：　（　）の工程は圧力鍋使用の場合に限る。

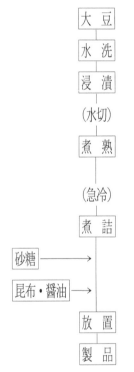

大豆

水　洗　　　虫食いやいたんでいる豆を取り除き，きれいに水洗いする。

浸　漬　　　大豆の2〜3倍量の水につけて一夜おく。
　　　　　　＜鍋の場合＞つけ汁ごと鍋に移して火にかけ煮立ってきたら弱火にし，ゆ
（水切）　　　　　　　　　で汁がいつも豆の2〜3cm上になるように差し水をしながら
　　　　　　　　　　　　　2時間程コトコトと煮る。

煮　熟　　　＜圧力鍋の場合＞浸漬大豆を入れ豆ひたひたに水を加え，落とし蓋をして
　　　　　　　　　　　　　強火にかける。「シュー」といい始めたら火を弱め，軽くお
　　　　　　　　　　　　　もりが動く程度で5〜6分煮熟する。
（急冷）　　　　　　　　　鍋ごと1分間水で冷した後，中の圧力と蒸気を完全に抜いて
　　　　　　　　　　　　　おもりをとり蓋をあける。

煮　詰　　　豆を指でつまんで柔らかくなったら煮汁を豆ひたひた程度にし，砂糖を2
　　　　　　回位に分けて加えて煮詰める。

砂糖 →

昆布・醤油 →　　　もどした昆布を加えさらに煮詰め，最後に醤油を香りづけに入れる。

放　置　　　火からおろし，煮汁につけたまま一晩おき，味を含ませておいしく仕上げ
　　　　　　る。

製　品

8 麹

1) 製造理論

麹とは蒸し米に麹菌の胞子を植えつけて，麹菌を十分繁殖させたものである。麹の製造目的は，利用しようとする酵素を生成させることにあり，酵素力がもっとも強くなった時に麹菌の生育を止めて製品とする。麹菌は平成18年に日本醸造学会によりわが国における国菌に認定された。

麹菌の繁殖体である胞子を蒸した米に植えつけて発酵させ育てていく作業を製麹といい生物である麹菌を上手に生育させる為には，水分温度と酸素の調整が必要である。すなわち蒸した米の水分30〜35％，温度35℃前後のとき種麹をつけ，最初は十分な温度を保つ。その後，極度の乾燥をさけ，酸素の補給を行い，周囲の温度30℃前後に保つようにする。

2) 麹の種類

(1) 清酒麹は搗精度の高い精白米を原料にしてアミラーゼ・プロテアーゼ力の強い *Aspergillus Oryzae* を繁殖させた若い麹（白麹）であり，甘酒麹は白麹・黄麹（胞子が生ずるようになった老麹であり，黄褐色ないし，黄緑色になっている）である。

(2) 味噌麹には原料の種類により，米麹，麦麹，豆麹がある。江戸味噌，仙台味噌は米麹，田舎味噌は麦麹が用いられ，*Aspergillus Oryzae* が利用されている。また，溜味噌，八丁味噌には豆麹が用いられ，*Aspergillus tamarii* が利用される。また，色つきの濃い味噌を作る場合は3分づき米または玄米をすり鉢ですった程度の米を用いる。

(3) 醤油は大豆と小麦を原料として，*Aspergillus sojae* を繁殖させた麹である。

3) 良い麹をつくる生育条件

良い味噌や醤油をつくるには，まず良い麹をつくらなければならない。良い麹をつくるには次の注意が必要である。

- イ 適度な蒸煮：原料を適度に蒸煮し，麹菌が繁殖しやすいようにすること
- ロ 適温を保つ：品温は麹菌の適温である33〜38℃に保つ
- ハ 適度な湿度を保つ：室内の湿度を90％位に保つ
- ニ 酸素の供給：室の換気や手入れにより新鮮な空気を十分に供給する
- ホ 雑菌の発生防止：室や容器，器具などを殺菌する
- ヘ 優良種麹の使用：それぞれ目的とする麹に適した優良種麹を用いる

4) 麹菌の生育状態の見方

蒸米全体に破精がおよび，米粒の中まで十分はぜ込んだものがよい。製麹経過の一例を図表Ⅰ-11に示す。

破精（はぜわたり）：菌球が米粒面に広がった状態をいう。米の表面に白いぶつぶつが見える。この割合が10〜20％の時は，破精2部，40〜50％の時は破精4〜5部などという。

はぜ込み：菌糸が米の内部までくいこんだ状態をいう。

図表 I −11　製麹経過の一例（みそ用）

日	時　　間	操　作	品　温	室　温	湿球温度
第1日	午前　8：00	取込み	35℃	26℃	24.5℃
〃	〃　11：30	床もみ	35(前) 31(後)	26	25.0
〃	午後　2：30	切返し	34	27	26.0
第2日	午前　7：20	盛込み	35	27	26.0
〃	午後 12：30	仲仕事	38	28	26.0
〃	〃　7：00	仕舞仕事	40	28	27.0
〃	〃　11：00	積みかえ	42	28	28.0
第3日	午前　8：00	出　麹	39	27	26.0

5）麹製造法（出来上り量　1.2kg）

原料：精白米……1.2kg
　　　種麹胞子(味噌米麹用)……米の0.2％
器具：ボウル，ざる，蒸し器，バット，布巾，木杓子，温度計，ござ，保温器（電気カーペット）
製造工程：

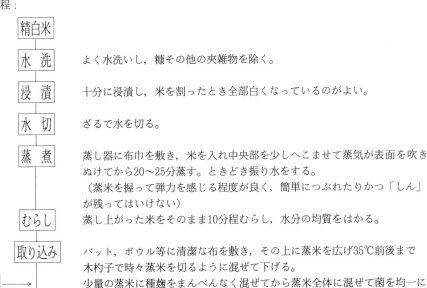

精白米

水　洗　　よく水洗いし，糠その他の夾雑物を除く。

浸　漬　　十分に浸漬し，米を割ったとき全部白くなっているのがよい。

水　切　　ざるで水を切る。

蒸　煮　　蒸し器に布巾を敷き，米を入れ中央部を少しへこませて蒸気が表面を吹きぬけてから20〜25分蒸す。ときどき振り水をする。
　　　　　（蒸米を握って弾力を感じる程度が良く，簡単につぶれたりかつ「しん」が残ってはいけない）

むらし　　蒸し上がった米をそのまま10分程むらし，水分の均質をはかる。

取り込み　バット，ボウル等に清潔な布を敷き，その上に蒸米を広げ35℃前後まで木杓子で時々蒸米を切るように混ぜて下げる。

種　麹→　少量の蒸米に種麹をまんべんなく混ぜてから蒸米全体に混ぜて菌を均一に配分する。

床もみ　　麹菌の繁殖をよくするため，米粒に多数の傷をつけるようにむしろの上で蒸米を押しながらもみ山型に盛り上げ30〜35℃に保温※する。
　　　　　※保温は，本来，室を使用するが，少量の製造では電気カーペットの上にビニールを敷きその上に置き覆いをするとよい。

切り返し	15〜16時間たつと麹菌が繁殖し始め品温が上昇してくる。この時堆積した蒸米の山をくずして内外の温度を平均化し，品温の急上昇を防ぐと同時に酸素の供給をする。
(盛り込み)	大量生産では約1.8Lずつ麹蓋に盛り分け，麹室の棚に入れ再び30〜35℃を保持する。
手入れ①	盛り込み後4〜5時間で破精が40〜50％程度になったところで品温を35℃位に下げる。
手入れ②	その後4〜5時間たつと品温40〜42℃，破精が70〜80％となるので再び品温を35℃前後に下げる。
積み替え	手入れ後3〜4時間たつと破精が完成し，品温は42〜45℃の最高温度になるので（積み替えをし）品温を均一に低下させる。
出　麹	積み替え後5〜6時間後に出麹する。
(塩切麹)	味噌用麹の場合は麹に140ｇの塩（味噌に用いる塩の一部を利用）を混ぜる。これは麹菌の老化を防ぎ菌体外に酵素を溶出させ，味噌の熟成を早める。塩切後3〜4日で酵素の力は一番強くなるのでなるべく早く味噌に使う。
製　品	冷所に保存する。

9　味　噌

1）製造理論

　味噌は，蒸した大豆中の成分が，麹菌，酵母，乳酸菌の作用を受けて発酵熟成したものである。はじめに麹を作り，蒸煮大豆と食塩と種水（乳酸菌，酵母を含むスターター）を混合し仕込むと，図表Ⅰ-12のように味噌のタンパク質はプロテアーゼによってアミノ酸や低分子ペプチドに分解されうま味をつくる。デンプンは，麹をつくる段階でアミラーゼにより，デキストリン，麦芽糖，ブドウ糖になり甘味を生じる。またその一部は有機酸やアルコールになり，酸味や香気成分の主体となる。味噌の着色は大豆タンパクと分解物のアミノ酸と糖によるアミノ・カルボニル反応により着色する。したがって熟成期間が長いほど濃く着色することになる。

図表Ⅰ-12　味噌の熟成中における成分変化

作　用	微生物	基　質	生　成　物	風　味
糖　化	麹カビ	デンプン	糖	甘　味
タンパク分解	麹カビ	タンパク質	アミノ酸	うま味
アルコール発酵	酵　母	糖　分	アルコール ⎫ エステル	芳　香
エステル化			⎬	
生　酸	乳酸菌	糖分・タンパク質	有機酸 ⎭	酸　味

2）味噌の種類

　味噌は，大豆加工食品のうちでも優れたものの一つで，すでに平安時代から利用されていた調味料で穀醬（こくびしお）の一種である。輸送に不便なこと，カビや腐敗菌などの繁殖しやすいことなどから各地でその地方に適した製法が工夫され，多種多様な種類が生まれた。味噌は大きく別けて二種類あるので以下に述べる。

⑴　普通味噌……原料により米味噌，麦味噌，豆味噌および調合味噌に分ける。米味噌は米，大豆および塩を主原料とするが，それらのうち米を麹原料とするので米味噌と呼び，麦味噌は麦を豆味噌は豆を麹原料とする。また，米味噌と麦味噌については，塩辛味の強弱，色調によって分類される。調合味噌は，米味噌，麦味噌又は豆味噌を混合したものや，米麹，麦麹，豆麹を混合して製造した味噌をさす。他，そば味噌，ハト麦味噌など雑穀類を麹にして作った味噌も含む。

図表Ⅰ-13　普通味噌の分類

種　類	甘辛味	色　調	主な味噌名
米味噌	甘味噌	白	西京白味噌，府中味噌，讃岐味噌
		赤　色	江戸甘味噌
	甘辛味噌	淡　色	相白味噌
		赤　色	中味噌
	辛味噌	淡　色	信州味噌
		赤　色	仙台味噌，佐渡味噌，越後味噌
			津軽味噌，北海道味噌，秋田味噌
麦味噌	甘味噌	淡　色	福岡味噌，熊本味噌
		赤　色	九州，四国，中国味噌
	辛味噌	赤　色	埼玉味噌
豆味噌	辛味噌	赤　色	八丁味噌，二分半味噌，溜味噌
調合味噌	——	——	赤だし味噌，そば味噌

(2)　嘗味噌……醸造嘗味噌と加工嘗味噌に分ける。醸造嘗味噌は経山寺（金山寺）味噌あるいは，ひしほ味噌とよばれるもので，脱皮大豆，精白大麦，食塩および野菜類を原料として最初から発酵熟成させてつくる。これに対し加工嘗味噌は，普通味噌を主原料とし農畜水産物を適宜加えて調味加工したもので，鯛味噌，貝味噌，鳥味噌，鉄火味噌，ゆず味噌等がある。

3) 原　料

(1)　大豆……黄色の大粒または中粒種で種皮が薄く光沢がよく，成熟適度で子実は球形に充実し，粒の揃ったもので，夾雑物が少なく，虫喰，損傷，石豆などがないもの。子実は，淡黄色で白目のものを選び，青，黒豆などは用いない。

(2)　米　……戦前は国内産水稲が多く使用されていたが現在は，輸入砕米，精米（準内地米）陸稲等が用いられている。国内産水稲はすべての点で優れており，砕米は製麹しやすいので麹の酵素力価が高い。また，陸稲は，外観は水稲に似ているが，味噌原料としての適性に欠ける。

(3)　大麦……果皮，種皮等の占める割合の低いものがよく，大麦は淡黄色で光沢に富み，全粒が同一の光沢を有するものがよい。また，裸麦は淡黄色で光沢のあるものがよい。臭いは麦特有の芳香を有するものがよく，カビ臭その他の異臭のあるものは適当でない。

(4)　塩　……原料により，岩塩，海塩，鹹水塩，生産地により国内塩，輸入塩に大別される。国内塩には，食卓塩，特級精製塩，精製塩，上質塩，および家庭用食塩があり，味噌用原料としては，上質塩が使用される。

図表Ⅰ－14　味噌原料配合例

		大豆（kg）	米（kg）	大麦（kg）	塩（kg）	種水（ℓ）	麹歩合
西京	A	100	200	－	24	－	20
	B	〃	150	－	21	－	15
江戸	A	100	150	－	33	10	15
	B	〃	100	－	30	10	10
仙台	A	100	60	－	38	－	6
	B	〃	50	－	36	－	5
信州	A	100	80	－	38	－	8
	B	〃	60	－	36	10	6
田舎	A	100	－	90	40	10	9
	B	〃	－	70	38	10	7
八丁溜		100	－	－	16	60	全　麹
		〃	－	－	22	100	全　麹

図表Ⅰ－15　原料配合と味噌の型

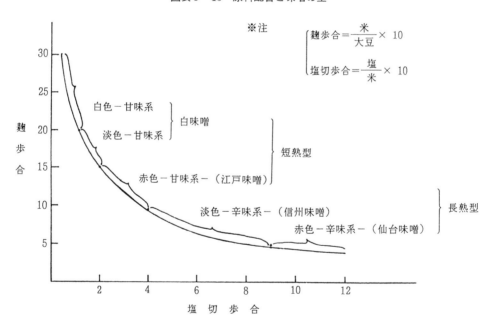

4）味噌製造法

① 米味噌

原料：＜西京味噌＞（出来上り量　2kg）　＜江戸味噌＞（出来上り量　6kg）
　　　　米麹……0.8kg　　　　　　　　　　米麹……1.3kg
　　　　大豆……0.5kg　　　　　　　　　　大豆……2kg
　　　　食塩……110g（仕上り塩分5％）　食塩……600g（仕上り塩分9％）
　　　　種水……原料大豆の15％　　　　　種水……原料大豆の15％
器具：ボウル，鍋（圧力鍋），ざる，すり鉢，すりこぎ，仕込み桶，重石
製造工程：

米　大豆	皮の薄い豊満な白大豆が適している。
製麹　水洗	大豆はよく洗い夾雑物を除去する。（写真①）
浸漬	水に浸漬し十分吸水させる。浸漬時間は水温により異なる。 夏（水温17〜22℃）なら7〜10時間 冬（水温5〜10℃）なら20〜22時間
食塩→　塩切麹　水煮	鍋に浸漬大豆を入れ絶えず大豆がひたる程度の水加減で中火で2〜3時間大豆が指の間でつぶれる程度まで煮る。（圧力鍋の場合は大豆がひたる位の水を加え，圧力鍋のオモリが動いてから約10分煮て火を止めて10分間むらす）
蒸大豆	ざるで煮汁を切る。このとき出た煮汁をあめ汁という。
→味噌つき	フードカッターで大豆をペースト状にしてから塩切麹と混合する。（または，すり鉢で塩切麹と大豆をよくつぶし混合する）（写真②③④）。 その際，あめ汁を種水の変わりとして原料大豆の15〜20％使用する。（写真⑤）
種水　仕込み	味噌つき後仕込桶に隙間なくつめ，表面を平らにならす。カビや表面の乾燥を防ぐため塩を軽く散布しなでつけ，表面にビニールやラップ等を敷き押し蓋をのせ味噌の約20％の重石をして密封する。（写真⑥）
熟成	＜西京味噌＞：2〜3カ月程度 ＜江戸味噌＞：5〜10カ月程度（3カ月頃切り返して熟成を早める。）
製品	味噌の表面は削りとり，その下から用いる。 保存は冷暗所で行う。（特に低塩味噌の場合はカビ防止につながる。）

写真①

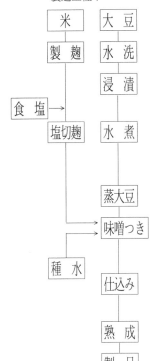

写真②

写真③

写真 ④　　　　　　　写真 ⑤　　　　　　　写真 ⑥

② 　ユズ味噌製造法（出来上り　約1.5kg）

　原料：西京味噌……800 g
　　　　砂　糖………100〜200 g：甘味を適宜加減する
　　　　本みりん……200 mL
　　　　水……………300 mL
　　　　ユ　ズ………1個
　器具：裏ごし，木杓子，ボウル，鍋，おろし金
　製造工程：

```
西京味噌
　│
裏ごし      裏ごしでなめらかに均質にする。
　│
砂糖
本みりん ─→
水
　│
加　熱      鍋に裏ごしした味噌を入れ，分量の砂糖を加えよく混ぜ，本みりん，
　│          水を加えペースト状にし加熱する。
ユズ果皮
ユズ果汁 ─→
　│
混　合      鍋を火から下ろし，あらかじめおろし金でおろしたユズ果皮と絞った
　│          果汁を加え，香りよく仕上げる。
製　品
```

　一口メモ
◎種水……味噌を仕込む際に煮大豆をつぶしたものに，米麹（又は麦麹）と塩と水を加えてよく
熟成させる。この時に加える水を種水といい固さ調整に使用している。本テキストでは大豆の
煮汁（あめ汁）を種水の代替として使用することで，大豆のうま味成分を付与してみた。
　この他にも，市販されているお好みの味噌（加熱殺菌していない製品）を種水の中に溶かし
て，仕込みの際に添加することもある。生きた乳酸菌・酵母などが熟成時に関与して，お気に
入りの手作り味噌ができる。また，味噌製造メーカーでは，味噌の香りと保存に関係するアル
コール（エタノール）をより多く生成させるために，主に酵母の培養液を種水として加えてい
る。

③　辛子酢味噌の製造方法（玉味噌利用による）（出来上り量　約400g）

　　　材料：西京味噌………320g
　　　　　　卵　黄…………2個（L玉）
　　　　　　砂　糖…………50g
　　　　　　酒 ……………60mL
　　　　　　米　酢…………玉味噌の35％
　　　　　　練りからし……玉味噌の2.5％（粉からし：ぬるま湯＝3：2）

　　　器具：ソースパン，ボウル，裏ごし器，泡立て器，木べら，温度計，フードカッター

　　　製造工程：

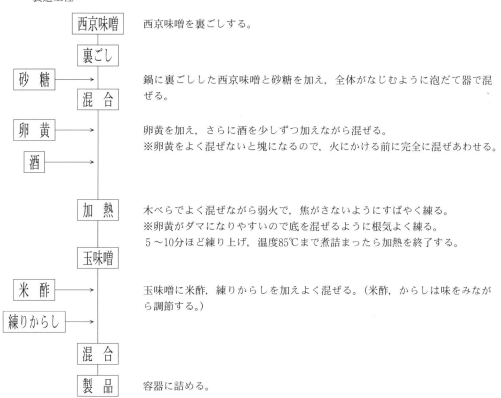

西京味噌	西京味噌を裏ごしする。
裏ごし	
砂糖 → 混合	鍋に裏ごしした西京味噌と砂糖を加え，全体がなじむように泡だて器で混ぜる。
卵黄 → 酒 →	卵黄を加え，さらに酒を少しずつ加えながら混ぜる。 ※卵黄をよく混ぜないと塊になるので，火にかける前に完全に混ぜあわせる。
加熱	木べらでよく混ぜながら弱火で，焦がさないようにすばやく練る。 ※卵黄がダマになりやすいので底を混ぜるように根気よく練る。 5〜10分ほど練り上げ，温度85℃まで煮詰まったら加熱を終了する。
玉味噌	
米酢 → 練りからし → 混合	玉味噌に米酢，練りからしを加えよく混ぜる。（米酢，からしは味をみながら調節する。）
製品	容器に詰める。

　　　　　　　　　　　　　　　※粉からしを使用する場合は，粉からしをぬるま湯で溶き，器を伏せて5
　　　　　　　　　　　　　　　　分程度おいてから使用する。

④　ごま味噌の製造方法（出来上り量　1 kg）

　　　材料：西京味噌……680g
　　　　　　白ごま………100g
　　　　　　砂　糖………290g
　　　　　　ごま油………40g
　　　　　　酒 …………200mL

　　　器具：ソースパン，ボウル，裏ごし器，泡立て器，木べら，温度計，フードカッター

　　　製造工程：

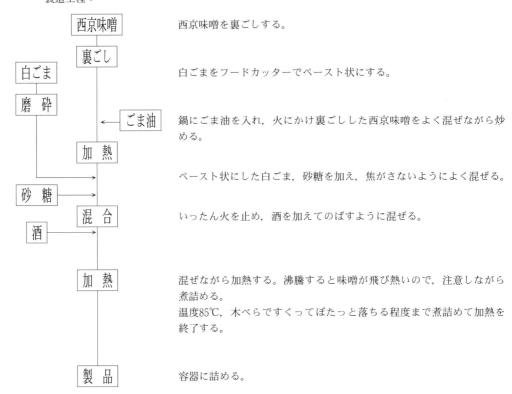

西京味噌を裏ごしする。

白ごまをフードカッターでペースト状にする。

鍋にごま油を入れ，火にかけ裏ごしした西京味噌をよく混ぜながら炒める。

ペースト状にした白ごま，砂糖を加え，焦がさないようによく混ぜる。

いったん火を止め，酒を加えてのばすように混ぜる。

混ぜながら加熱する。沸騰すると味噌が飛び熱いので，注意しながら煮詰める。
温度85℃，木べらですくってぽたっと落ちる程度まで煮詰めて加熱を終了する。

容器に詰める。

10　甘　酒

1）製造理論

　甘酒は飯またはかゆに米麹を加えて加温し，甘味を生じさせたもので，広く飲用される。麹菌のジアスターゼ，マルターゼが，デンプンをブドウ糖および麦芽糖に糖化する。糖化温度が重要で，55〜62℃が最適で，50℃以下では乳酸菌や酵母で酸味がつき，80℃以上では糖化しない。

2）甘酒製造法（出来上り量　1.6kg）

　　　原料：白米……500 g（もち米を使用すると甘味が強くなる）
　　　　　　水………白米の1.5倍（750 mL）
　　　　　　米麹……500 g（硬作り）
　　　器具：炊飯鍋，保温器（60℃位），広口びん，温度計
　　　製造工程：

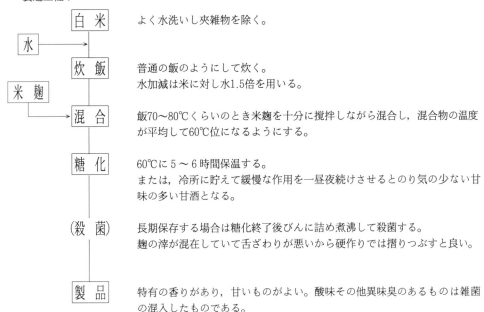

白米　　よく水洗いし夾雑物を除く。

炊飯　　普通の飯のようにして炊く。
　　　　水加減は米に対し水1.5倍を用いる。

混合　　飯70〜80℃くらいのとき米麹を十分に撹拌しながら混合し，混合物の温度が平均して60℃位になるようにする。

糖化　　60℃に5〜6時間保温する。
　　　　または，冷所に貯えて緩慢な作用を一昼夜続けさせるとのり気の少ない甘味の多い甘酒となる。

（殺菌）　長期保存する場合は糖化終了後びんに詰め煮沸して殺菌する。
　　　　麹の滓が混在していて舌ざわりが悪いから硬作りでは摺りつぶすと良い。

製品　　特有の香りがあり，甘いものがよい。酸味その他異味臭のあるものは雑菌の混入したものである。
　　　　湯で適当に希釈し，塩，ショウガ汁など少量添加して飲用する。

II 果実・野菜の加工

1 ジャム

1) 製造理論

ジャム類は，果実を原料とし，ペクチンの凝固性（ゼリー化）を利用したものである。

ジャムがゼリー化するのは，果実中に含有するペクチン・糖・有機酸が相互に作用して凝固するためで，それらの配合割合が良否を左右する。

⑴ ペクチン（Pectin）……ペクチン質は細胞膜中に含まれ，細胞を保持し，果実の堅さを支配する重要な因子であり，熟成に伴い著しく変化するが，その関係を図示すると次のようになる。

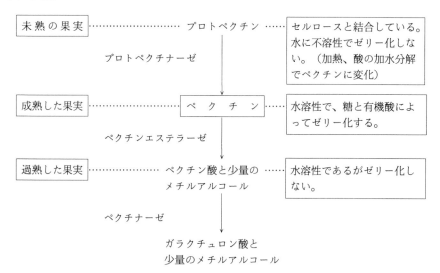

高糖濃度ゼリー化に関与するのは，水溶性のペクチン（高メトキシルペクチン）である。果実の種類によってペクチン含有量は，まちまちであるが，約0.6〜1.0％含まれているのが適当である。

⑵ 有機酸……果実中には，クエン酸，酒石酸，リンゴ酸などの有機酸が含まれ，ゼリー化に関係するのは，酸の種類や濃度ではなくpHであり，最適pHは2.8〜3.3である。pHが高いと凝固しない。また低すぎるといったんゼリーとなったものが，貯蔵中にペクチンが分解して，ゼリー化力が低下する。なお，酸含量が少ないときは，酸としてクエン酸，酒石酸，または乳酸などの有機酸を添加して補う。

⑶ 糖……果実中の糖は10〜13％位であるが，補糖により果汁がゼリー化する。その時の最適糖度は約60％で高すぎると結晶を生じ，低いとゼリーの質がもろく貯蔵性も劣る。

砂糖以外の糖分としてブドウ糖，果糖，水飴などあって，いずれでもゼリーが生成される
がこれらのうちで砂糖がもっともよい。ブドウ糖を単独で使用すると，仕上げ後結晶とし
て析出してくるので，使用するときは砂糖と併用して使う。なお，合成甘味料はまったく
ゼリー生成能力がない。

2)　果実中の酸・ペクチン量

果実中のペクチンと酸の量は種類・品種・熟度などによって差があるが，大体の区分を示す
と，次のようである。

図表Ⅱ−1　果実中のペクチンと酸の含量

果　　　物	ペクチン質	酸
りんご，レモン，オレンジ，すもも	多　1％内外	多0.8〜1.2％
いちじく，桃，バナナ	多　1％内外	少　0.1％
苺，杏	少 0.5％以下	多　1.0％
ぶどう，びわ，りんご（熟）	中 0.7％内外	中　0.4％
梨，柿，桃（熟）	少 0.5％以下	少　0.1％

ペクチン量が不明の果実を用いるときは以下の方法で調べると良い。

ペクチン量の簡易測定法と加糖量の決定

試　験　管

↓←果汁　　3 mL

↓←95％エチルアルコール
　　3 mL

↓
振る
↓
静置
↓
ペクチンの凝固状態を見る

ペクチンの凝固状態	ペクチン量	砂　糖　添　加　量
少しも凝固しない	少量	ペクチンなどの凝固剤を加えて砂糖量を決める　※注
細かく凝固	中程度	果汁の½〜⅔程度
全体がゼリーに凝固	多量	果汁と同容量

※ペクチン含量が少ないときは，ペクチンとして市販の粉末ペクチンを砂糖とよく混合して加える。ペクチンは，長時間加熱すると分解して凝固性が低下するので注意する。

3)　ジャムの種類

ジャムには原料や製品の形状で(1)〜(5)の種類がある。近年，糖分の少ない低糖度ジャムや野
菜を原料とした製品もつくられるようになった。

(1)　フルーツゼリー（Fruit jelly）……果汁を煮詰めて放冷凝固させたものであるが，ゼラ
　　チンや寒天でかためたものもある。

(2)　ジャム（Jam）……果実をパルプ状にして煮詰め，放冷凝固したものをいう。

(3)　プレザーブ・ジャム（Preserve jam）……パルプ状のなかに，果実の原形を残したもの
　　をいう。

(4)　ミックス・ジャム（Mixed jam）……2種以上の果実を用いて作ったものをいう。

(5)　マーマレード（Marmalade）……柑橘類を原料として作った果皮の認められるジャムを

いう。ジャム類品質表示基準による用語の定義を図表Ⅱ－2に示した。

図表Ⅱ－2　ジャム類品質表示基準による用語の定義

用　　語	定　　義
ジ ャ ム 類	次に掲げるものをいう。 1　果実，野菜又は花弁（以下「果実等」と総称する）を砂糖類，糖アルコール又ははちみつとともにゼリー化するようになるまで加熱したもの 2　1に酒類，かんきつ類の果汁，ゲル化剤，酸味料，香料等を加えたもの
ジ ャ ム	ジャム類のうち，マーマレード及びゼリー以外のものをいう。
マ ー マ レ ー ド	ジャム類のうち，かんきつ類の果実を原料としたもので，かんきつ類の果皮が認められるものをいう。
ゼ リ ー	ジャム類のうち，果実等の搾汁を原料としたものをいう。
プレザーブスタイル	ジャムのうち，ベリー類（いちごを除く）の果実を原料とするものにあっては全形の果実，いちごの果実を原料とするものにあっては全形又は2つ割の果実，ベリー類以外の果実等を原料とするものにあっては5mm以上の厚さの果肉等の片を原料とし，その原形を保持するようにしたものをいう。

4）　ゼリー点の決定法

ジャムの製造において一番重要な工程は，ジャムの煮詰めの終点を判断することである。煮詰めが不足していて，ゼリー点に達していないと固まらず，煮詰めすぎると飴になってしまう。そこで，以下のゼリー点の決定法により判断するとよい。

(1)　①手持屈折糖度計による決定法

下図cのスリガラス板に検液を1～2滴落とし，bのプリズム上に合わせる。光線が入射光窓から入るように向け，aを回しながらピントを合わせる。視野の中に下記のような明暗の境界線ができる。ジャムの場合は測定後びん詰になるまでの蒸発を考えて，Brix65度より4～5度手前で仕上げる。

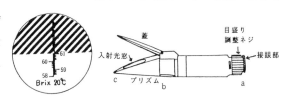

②デジタル糖度計による決定法

プリズム面に水をたらして0合わせした後，同様にプリズム面に検液をたらしてSTARTキーを押すだけで，3秒後にBrix（糖度・濃度）をデジタル表示する。ジャムの場合は測定後びん詰になるまでの蒸発を考えて，Brix65度より4～5度手前で仕上げる。

(2)　温度計による方法

煮熟中の液の温度は，添加糖が砂糖だけのときは，104～105℃になったときをゼリー点とする。ブドウ糖または水飴のときは，103～104℃で止めたものが適当な硬さになる。

(3)　スプーンテストとコップテストによる方法

　　初めてジャムを作る人には，むずかしいが，熟練すれば大変便利である。スプーンテストは液をちょっとさましてから，スプーンを傾けて液の滴下する状態を見る。コップテストは煮熱中の液を冷水を入れたコップの中に滴下してみる。

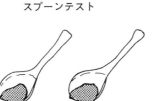
スプーンテスト

不十分である　　適度である

コップテスト

不十分である　　適当である

5)　調整歩留り，加糖率，濃縮率，製品歩留りの計算方法

イ　調整原料（g）＝原料（g）－廃棄物（g）

ロ　調整歩留り（%）＝調整原料（g）／原料（g）×100

ハ　調整原料に対する加糖率（%）＝砂糖量（g）／調整原料（g）×100

ニ　出来上がり製品に対する加糖率（%）＝砂糖量（g）／製品量（g）×100

ホ　濃縮率（%）＝製品量（g）／（調整原料（g）＋砂糖量（g））×100

ヘ　製品歩留り（%）＝製品量（g）／原料（g）×100

6)　ジャム製造法

①　ブドウジャム（プレザーブスタイル）（出来上り量　約1.2kg）

　　原料：マスカットベリーA……1kg
　　　　　グラニュー糖……………原料の80%
　　器具：ボウルまたは鍋（ホーローかステンレス製），木杓子，裏ごし，ざる，計り，糖度計（スプーン，コップ），広口びん
　　製造工程：

写真

↑貯蔵びん、蓋の殺菌（沸騰後15分間）

ブドウ

水洗　　未熟または腐敗している果粒を除き水洗いする。

除梗　　果粒と果梗を分ける。

除核　　果皮を破り，果肉中の種をきれいにとり去る。一方果皮と果肉は各々別のボウルに入れておく。

色素抽出　　果皮の入ったボウルに水を果皮の同量加えて弱火にかけ，10〜15分煮熱し，色素を抽出する。

裏ごし　　色素を抽出し終った果皮を液だけ裏ごしを通し，残査を出来るだけ裏ごしして果皮だけ残す。（写真）

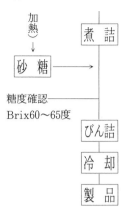

加熱 → 煮　詰　ボールに果肉と果汁を入れ中火にかけ色素液を加え，計量したグラニュー糖を2〜3回に分けて加えて煮詰める。この間上に浮くアクを丁寧に除き時々終点を確認する。色沢・香味の点から20〜30分で煮上げるのが良い。

砂　糖 →

糖度確認
Brix60〜65度

びん詰　あらかじめ殺菌したびんの中に，ジャムを熱いうちに詰める。

冷　却　びんにしっかりと蓋をして，逆さまにして自然冷却する。

製　品

② リンゴジャム（出来上り量　約600g）

原料：リンゴ……500g（中玉2個）　紅玉，国光などがよい。
　　　グラニュー糖……原料の70〜80%
　　　水……500mL
器具：ステンレス製（またはホーロー引き）鍋，水切りざる，木杓子，（ミキサー），広口びん
製造工程：

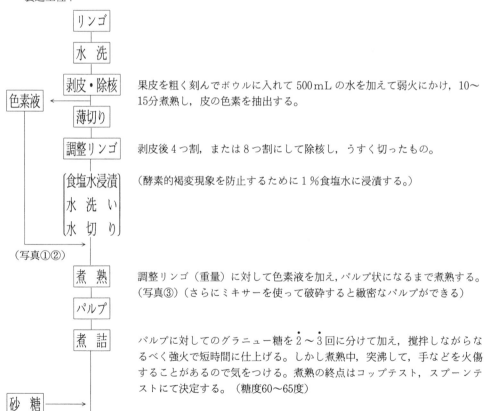

リンゴ

水　洗

剥皮・除核　果皮を粗く刻んでボウルに入れて500mLの水を加えて弱火にかけ，10〜15分煮熟し，皮の色素を抽出する。

色素液 ←

薄切り

調整リンゴ　剥皮後4つ割，または8つ割にして除核し，うすく切ったもの。

食塩水浸漬　（酵素的褐変現象を防止するために1%食塩水に浸漬する。）
水　洗　い
水　切　り

（写真①②）

煮　熟　調整リンゴ（重量）に対して色素液を加え，パルプ状になるまで煮熟する。（写真③）（さらにミキサーを使って破砕すると緻密なパルプができる）

パルプ

煮　詰　パルプに対してのグラニュー糖を2〜3回に分けて加え，撹拌しながらなるべく強火で短時間に仕上げる。しかし煮熟中，突沸して，手などを火傷することがあるので気をつける。煮熟の終点はコップテスト，スプーンテストにて決定する。（糖度60〜65度）

砂　糖 →

（びん詰，殺菌）あらかじめ沸騰水で15分間殺菌したびんの中に熱いうちに肉詰・密封すれば，殺菌する必要がない。しかし，密封前に冷えたら軽くふたをし，100℃の蒸気で5〜6分間脱気，殺菌し，取り出し，熱いうち直ちに，密封す

製　品　るとよい。
製品歩留りは120%位である。

写真 ①　　　　　　　　　写真 ②　　　　　　　　　写真 ③

③　イチゴジャム（出来上り量　約1.0kg）

原料：イチゴ……1 kg　ジャム用として，ビクトリヤ，マーシャル，御牧が原などの品種が多く用
　　　　　　　　　　いられているが，完熟していて，中核，肉がしまった鮮紅色のものがよく，
　　　　　　　　　　自家用であれば入手しやすいものを用いればよい。
　　　グラニュー糖……イチゴの70～80%
　　　レモン汁…………50 mL（レモン 1 個分）
器具：ステンレス製（またはホーロー引き）鍋，木杓子，広口びん
製造工程：

イチゴ

水　洗

除　蕚　腐敗したものや未熟な部分を除き，水洗後つめの先でへたをとる。

煮　熟　最初は徐々に加熱していくと，水がでて果実が浮かび上ってくる。グラニュー
　　　　糖を 3 ～ 4 回に分けて撹拌しながら添加する。静かに木杓子で撹拌しなが
　　　　ら煮熟し，常に，浮き上がる泡をすくいとりながら煮詰める。（写真①，②）

砂　糖　→

煮　詰　煮詰の最後にレモン汁を加えてイチゴの色調を鮮やかに整える。
　　　　煮詰の終点はp.49〔ゼリー点の決定法〕を参照して決定する。（糖度60～65度）

レモン汁　→

（びん詰，殺菌）リンゴジャムに準ずる。

製　品　製品歩留りは約100～110%である。（写真③）

写真 ①　　　　　　　　　写真 ②　　　　　　　　　写真 ③

④　マーマレード

　ⓐ-1　夏ミカンマーマレード（出来上り量　約2kg）

原料：夏ミカン……1.5kg
　　　グラニュー糖……1.2～1.5kg（夏ミカンの80～100%）
　　　クエン酸0.3%溶液…粕の1.5倍量
器具：鍋，ボウル，ざる，木杓子，裏ごし，広口びん

図表Ⅱ-3　皮の処理法

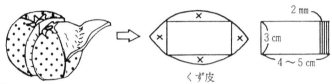

くず皮

製造工程：

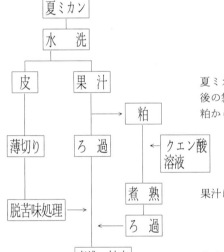

夏ミカンを洗浄後2つに菊花状に切り，手で果汁を搾り出す。後の袋を除去する。（粕）

粕からペクチン液を取るためクエン酸溶液で煮熟を15分間行いろ過する。

皮を図表Ⅱ-3のような長さに薄く切り，たっぷりの水で2～3回水煮して苦味を除去し，軽く水を搾っておく。

果汁はろ過して種などを除去する。

苦味を除いた皮，果汁，ペクチン液を火にかけ，約30分間強火で煮沸し，白皮部分に含まれるペクチンを抽出する。この間に皮は軟かく透明になる。液量は約1/2量に煮詰まって減量する。

皮が多すぎる場合は皮を1/4～1/5量除去する。除去した皮を搾汁し，その液をもとにもどす。

砂糖を2～3回に分けて添加しながら煮詰める。（糖度50～55度）砂糖添加後煮詰終点に25分以内に到達するのがよい。そのためには煮沸，抽出の工程で液量を1/2以下に煮詰めておく。25分以上の煮詰は製品の色づきを濃くする。

常法にしたがってびん詰操作する。

製品はよく固まった淡黄褐色のゼリー中に透明な線状の果皮が浮かんでいるのがよく，カラメル色に着色したものはよくない。

ⓐ-2　夏ミカン丸ごと使ってマーマレード（出来上り量　約1.2kg）　※ ⓐ-1に比べてレモン汁を使用するので，短時間で処理でき，じょうのうも食物繊維の給源として活用できる。

原料：夏ミカン ……………… 3個（約1kg）
　　　グラニュー糖…… 夏ミカン重量の80%
　　　レモン汁 ……………………50mL

器具：鍋，ボウル，ざる，木杓子，広口びん，包丁

製造工程：

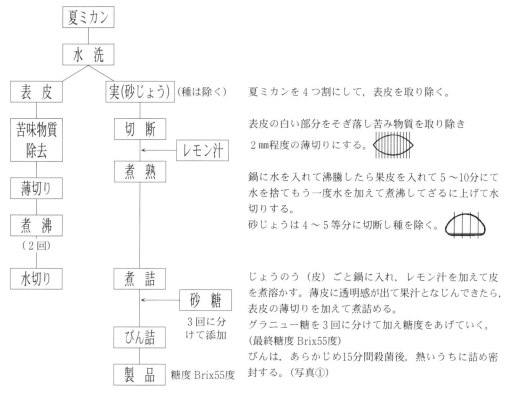

夏ミカンを4つ割にして，表皮を取り除く。

表皮の白い部分をそぎ落し苦み物質を取り除き
2mm程度の薄切りにする。

鍋に水を入れて沸騰したら果皮を入れて5～10分にて水を捨てもう一度水を加えて煮沸してざるに上げて水切りする。
砂じょうは4～5等分に切断し種を除く。

じょうのう（皮）ごと鍋に入れ，レモン汁を加えて皮を煮溶かす。薄皮に透明感が出て果汁となじんできたら，表皮の薄切りを加えて煮詰める。
グラニュー糖を3回に分けて加え糖度をあげていく。
（最終糖度 Brix55度）
びんは，あらかじめ15分間殺菌後，熱いうちに詰め密封する。（写真①）

写真 ①

ⓑ　ユズマーマレード（出来上り量　約2.4kg）

原料：ユズ……2kg（果皮1kg，果肉930g）
　　　　グラニュー糖……ユズ原料の80%
　　　　0.3%クエン酸……果肉の1.5倍量（水1.5Lにクエン酸4.5g）
器具：鍋（ステンレスorホーロー製），ボウル[注1]，ざる，木杓子，裏ごし，広口ビン，包丁，
　　　さらし布，ゴムベラ

製造工程

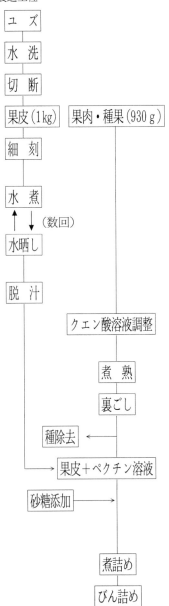

ユ　ズ

水　洗　　　　　　　　　表面の汚れ等を水洗しておとす。

切　断　　　　　　　　　4つ割に包丁で切る。

果皮（1kg）　果肉・種果（930g）　果肉（種）と果皮を分ける。（写真①）

細　刻　　　　　　　　　果皮を仕上げたい厚さ（2〜3mm位）に包丁で細く切る。
　　　　　　　　　　　　（写真②）（あるいは，フードカッターを用いて3〜5mm角
　　　　　　　　　　　　に細刻する。）

水　煮　　　　　　　　　苦味の除去のために5分ほど煮て水晒しを10分行う。好みの
　　↑　↓（数回）　　　苦さになるまで水煮と水晒しを数回繰り返して苦味除去を行
水晒し　　　　　　　　　う。

脱　汁　　　　　　　　　目の細かい布等で，一度軽く搾る。（写真③）

クエン酸溶液調整　　　　果肉と種はペクチンを抽出するために，これらの重量の1.5
　　　　　　　　　　　　倍量の水にクエン酸[注2]を溶かし0.3%のクエン酸溶液を調
　　　　　　　　　　　　整する。

煮　熟　　　　　　　　　果肉及び種をクエン酸溶液に加え，沸騰後10分間煮熟する。
　　　　　　　　　　　　（写真④）

裏ごし　　　　　　　　　煮熟が終了したらボウルの上にざるを入れ，煮熟した果肉を
　　　　　　　　　　　　あけ，ゴムベラで粗い裏ごしを行い，ざるの中に種を除去す
種除去　←　　　　　　　る。

果皮＋ペクチン溶液　　　苦味除去の終了した果皮と得られたペクチン溶液を煮詰める。

砂糖添加　→　　　　　　煮立ったら分量の砂糖の1/3量を加え5分煮熟し，さらに
　　　　　　　　　　　　1/3量の砂糖を加え5分，最後に残りの砂糖を加えて煮詰め
　　　　　　　　　　　　る。（糖度50〜55度で終点）※
　　　　　　　　　　　　　　※長期保存する場合は糖度60度〜65度にする。

煮詰め

びん詰め　　　　　　　　保存する場合は熱いうちに，予め煮沸殺菌（沸騰水中で15分
　　　　　　　　　　　　間）しておいたビンに詰め蓋をしめる。

製　品

注1）果実の有機酸でアルミや鉄は腐食するので鍋・ボウル等は，ステンレスまたは
　　　ホーロー製を使用。

注2）クエン酸について

　　　シトロン酸，オキシカルボキシリックアシッドとも呼び，$C_6H_8O_7$，結晶物（1水塩）
　　と無水物があり，クエン酸（結晶）は清涼飲料水，混成酒，キャンディー，ゼリー，
　　ジャム，冷菓，缶詰等の酸性調味料および食用油の酸敗防止剤（シネルギスト）と
　　して使用されている。また，クエン酸（無水）は粉末ジュース，粉末シャーベット，
　　アイスみぞれの素，粉末ケチャップ，チューインガムなど水分を嫌う食品や粉末食
　　品の酸味料として利用される。薬局等で普通に入手できるので，今回は柑橘類のひょ
　　うのう，及び砂嚢に含まれるペクチンの可溶化を行うための酸として使用する。

写真 ①

写真 ②

写真 ③

写真 ④

2 果実・野菜のびん詰

1）製造理論

缶，びん詰は，それぞれの食品に適した方法で処理加工され，缶，びんに詰め脱気，密封，殺菌されたものである。その目的は，

　　イ　食品の保存

　　ロ　過剰生産物の利用

　　ハ　調理の簡便（半加工，インスタント的）

　　ニ　携帯の便利

などにある。缶・びん詰は内容物に付着する腐敗菌，酵素類などを加熱殺菌して密閉するものであるが，有害細菌中には高温度で数時間加熱しても死滅しない芽胞を形成する菌（ボツリヌス菌など）があり，不完全なびん，缶詰では腐敗を生じたときには中毒事故のような保健上危害を及ぼすこともある。しかし，これらの細菌は好気性のものが多いから脱気，加熱，密封を厳重にすれば危険はなくなる。また充填物の多くは保存性をもたらす塩分，酸，砂糖，油などの溶液中に浸漬されるので，実際上は長時間の殺菌を行わなくても有害細菌の繁殖を防止することができる。過度の加熱殺菌は食品の風味をそこなう。

2）ガラスびんとふた

ガラスびんの場合，内容物が透視でき，びんは内容物に対して不活性であり，容器は何回でも使用できるなどの利点がある。その反面破損しやすいこと，重いこと，熱伝導速度が遅いこと，密封が不完全になりやすいこと，光による内容物の変質などの欠点がある。そのため，佃煮，酢漬などのように殺菌の容易なものかジャム，ケチャップ，ジュースなどのように殺菌容易で外観が美しい食品に限って利用されている。

びんは口径の大きさによって細口びんと広口びんとに分類される。前者は液体あるいは液体に近いものを詰めるのに適し，たとえばビール，醤油，ジュースなどの容器に使用されている。栓はほとんど王冠栓である。後者の広口びんの種類には次のようなものがある。

　　a　王冠栓（ＫＣキャップ）びん……王冠で栓をするもので佃煮などに用いられる。

　　b　ねじ蓋（スクリュー・キャップ）びん……内側にゴムパッキングまたはシーリング・コンパウンドを塗布したねじ蓋を使用し，ねじによって密封する。インスタントコーヒー，マヨネーズなどに広く用いられている。

　　c　ハネックスびん……パッキングのついた蓋を帯金で締付けて固着させているものでジャム，栗シロップ漬け，桜桃，その他に広く使用されている。

　　d　ツイスト・オフ・キャップびん……びん口の外周に４個の不連続なねじ山があり，また

ブリキ製の蓋の下縁に 4 ヵ所の突起があって，びんのねじ山と突起部がかみ合わされて密封できる。蓋を少しひねるだけであけることができる。

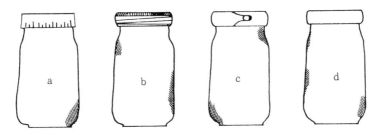

3）一般的原料および工程について

(1)　原料：果実を取り扱う場合は，その熟度が重要であり，もっとも良い採取時期は生食に適するより 2 〜 3 日早いところとされている。過熟のものは風味が劣り，肉質も柔軟すぎて不適当であり一方未熟果は甘味不足で色沢も悪く，かつ肉質硬く剥皮も困難である。

　　原料が自家補給できない場合は，なるべく新鮮で傷のない熟度の適当なものを選び使用することが必要である。また原料が多量で一度に処理できない場合は，通風のよい冷たい場所におくか，冷蔵庫内に格納しておくことが望ましい。原料を準備したら，できるだけ迅速にびん詰を作ることが必要である。

　　果実のシロップ漬のための砂糖はグラニュー糖が適しており，水に溶解し一度煮立てて用いる。濃度は原料の種類により異なるが16％，25％，40％が多く用いられる。また濃度の異なる 2 種のシロップを混合して目的の濃度のシロップをつくるには次のように計算する。

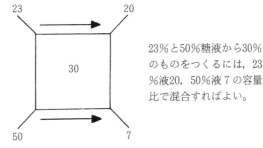

23％と50％糖液から30％のものをつくるには，23％液20，50％液 7 の容量比で混合すればよい。

(2)　工程

　　びん詰を作るには以下の順序で行う。

原料洗浄 → 調整 → 湯通し → 晒し → 肉詰 → 脱気、殺菌 → 密封 → 冷却 → 貯蔵

　　肉詰……びん詰は外から内容物が見えるから，できるだけ形を整え美しく詰めることが望まれる。特に分割した内容物の場合は切り口を内側または下側に向けるように心がける。また，できるだけ隙間のないように詰めるが余り詰めすぎることは，加熱の際熱の伝導が悪くなるので避けなければならない。加える液汁は，内容物をおおうまで入れるが，びんの口から 1 cm位の空間を残しておけば加熱の場合に液汁があふれるのを防ぐことができ

る。液の注入が終ったならば，テーブルナイフの刃などをびん中に入れて，内容物に付着したり凹んだ部分に貯っている気泡を全部排除する。

　脱気・殺菌……びん詰特に家庭用の貯蔵びん類の場合は，適当に加熱することにより，殺菌と同時に脱気も行える。

　脱気の効果はびん中の遊離酸素の量を減じ内容物の酸化による色，味，香りなどの変化を防ぐことにある。

　殺菌の条件はできるだけ低温，短時間であることが内容物にとって望ましいが種類により必ずしもそのようにできないものもありその条件を決める因子としては原料の微生物汚染の程度，熱伝導率，pH値，のようなものが考えられる。

　したがって収穫後経過時間の長いもの，熱伝導率の低いものほど長時間の殺菌を必要とする。またpHが4.5以下のものは100℃以下で殺菌できるが，これ以上のpH値をもつものは100℃以上の高温での殺菌を必要とするため，圧力釜などを用いる。もし100℃で行う場合は，相当長い時間を要し，内容物に悪影響をきたすおそれがある。殺菌時間の長さは，びんの内部が必要な温度になってからの時間であって，殺菌器に入れてからの時間ではない。しかし内部の温度の測定は困難なため，内部が一定温度に達するに要する時間を含めた殺菌時間で行う。

図表Ⅱ－4　下煮および殺菌の条件

品　　　　　　　名	下　煮　液	下煮時間	注　入　液	殺　菌　時　間
ビ　　　　　　ワ	40％シロップ	4〜5（分）	40％シロップ	20（分）
ア　　ン　　ズ	〃	3〜4	〃	〃
ス　　モ　　モ	〃	〃	〃	15
サ　ク　ラ　ン　ボ	水	〃	25％シロップ	20〜25
リ　ン　ゴ	40％シロップ	4〜5	40％シロップ	20
イ　チ　ジ　ク	〃	〃	〃	〃
ナ　　シ	水	〃	25％シロップ	〃
モ　　モ	30〜40％シロップ	〃	30〜40％シロップ	〃
ク　　リ	25％シロップ	15	〃	45〜60
タ　ケ　ノ　コ	水	30	3％食塩水	60 / 115℃30〜40
マ　ツ　タ　ケ	〃	5〜7	〃	60 / 115℃30〜40
ト　　マ　　ト	〃	5	〃	25
ストリングビーンズ	〃	2〜3	〃	45〜50 / 115℃20〜25

（注）とくに温度を明記しているものの外はいずれも殺菌温度100℃

4) シロップ漬製造法

① ミカンとパインのびん詰（出来上り量　約1.8 kg）

　原料：温州ミカン（S）……20個
　　　　パイナップル……半個分（リンゴ（紅玉）なら3個）

16％シロップ………700mL
0.7％HCl溶液………１L
0.5％NaOH溶液……１L※

※塩酸はステンレスの器具を腐食させるのでホーローのボウルを使用する。水酸化ナトリウムは，潮解性があるので使用直前に量る。また皮膚，粘膜を腐食するので，付着しないように十分注意する。

器具：ボウル，ざる，温度計，木杓子，玉杓子，まな板，包丁，広口びん

製造工程：

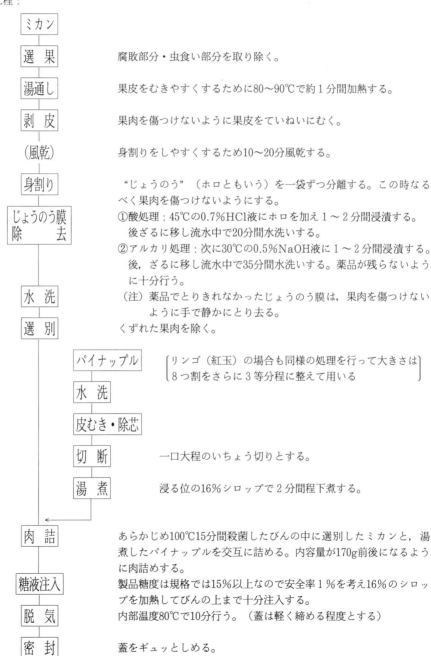

ミカン

選　果　　腐敗部分・虫食い部分を取り除く。

湯通し　　果皮をむきやすくするために80〜90℃で約１分間加熱する。

剥　皮　　果肉を傷つけないように果皮をていねいにむく。

(風乾)　　身割りをしやすくするため10〜20分風乾する。

身割り　　"じょうのう"（ホロともいう）を一袋ずつ分離する。この時なるべく果肉を傷つけないようにする。

じょうのう膜除　去　　①酸処理：45℃の0.7％HCl液にホロを加え１〜２分間浸漬する。後ざるに移し流水中で20分間水洗いする。
②アルカリ処理：次に30℃の0.5％NaOH液に１〜２分間浸漬する。後，ざるに移し流水中で35分間水洗いする。薬品が残らないように十分行う。

水　洗　　（注）薬品でとりきれなかったじょうのう膜は，果肉を傷つけないように手で静かにとり去る。

選　別　　くずれた果肉を除く。

パイナップル　　〔リンゴ（紅玉）の場合も同様の処理を行って大きさは８つ割をさらに３等分程に整えて用いる〕

水　洗

皮むき・除芯

切　断　　一口大程のいちょう切りとする。

湯　煮　　浸る位の16％シロップで２分間程下煮する。

肉　詰　　あらかじめ100℃15分間殺菌したびんの中に選別したミカンと，湯煮したパイナップルを交互に詰める。内容量が170g前後になるように肉詰める。

糖液注入　　製品糖度は規格では15％以上なので安全率１％を考え16％のシロップを加熱してびんの上まで十分注入する。

脱　気　　内部温度80℃で10分行う。（蓋は軽く締める程度とする）

密　封　　蓋をギュッとしめる。

殺　菌	沸騰水中で5分間行う。
冷　却	・・・徐々にボールのふちから流水をかけ流して冷却する。
製　品	1ヵ月位でシロップが浸透し食べ頃となる。

② 桃のびん詰（出来上り量　450mLびん3本分）

原料：桃……1kg^{※1}　　グラニュー糖……120g　　水……250mL
　　　レモン汁^{※2}……シロップの1%（約小さじ1杯）

　　※1〔桃の選び方〕
　　　　まず第一に，桃の熟度が重要である。もっとも良いのは，手で皮のむける位に熟した桃で，過熟のものは肉質が柔軟で煮くずれを起し易く，一方未熟果は風味が劣り，色沢も悪く，肉質も硬いため剥皮が困難となる。未熟果の場合は，追熟させてから用いる。

　　※2〔レモン汁の効用〕
　　　　酸味の多い柑橘類以外は，シロップの中にレモン汁を加えることによって適度な酸味が加わり，甘さを押えたさわやかなシロップ漬ができる。しかも，この酸味は，褐変防止に役立ち，また，レモン汁により果肉のシロップのpHが3～4になるため，殺菌を容易にする。一般に，果物のびん詰が野菜に比べ低温殺菌でよいのは，果物には有機酸やアスコルビン酸が程よく含まれているためである。

器具：包丁，まな板，ボウル，鍋，スプーン，玉杓子，びん，計り，温度計

製造工程：

桃	
水　洗	果肉をいためないように注意して水洗いする。
切断，除核	桃はびんに入る程度に，2つ割・4つ割・スライスなどにする。包丁で縫合線に沿って刃を入れて切半する。次に，スプーンで核（種）を除去する。桃は変色しやすいので，1%位の食塩水につけておく。（写真 ①，②）

写真 ①　　　　　　　　　　写真 ②

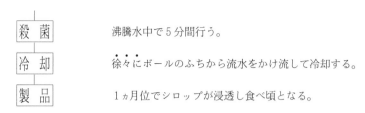

剥　皮	熱湯に約2～3分間浸漬後，冷水中で剥皮する。（写真 ③）

写真 ③

水　煮	固めの桃は肉詰めしにくため，5～10分水煮する

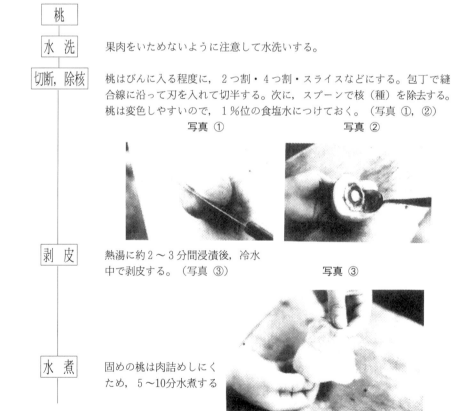

成形

びん詰は，外から内容物が見えるため，切り口を包丁で整える。

肉詰

びんに桃の切り口を内側か下に向けて，隙間のないように肉詰めする。

糖液注入

計量したグラニュー糖と水を加熱し，約30％の糖液を作り，火を止めてレモン汁を加える。この糖液をびんの口まで注入する。

脱気

軽く蓋をしたびんを湯の中に立て，湯が沸騰後，約10分間加熱し，びん中の気泡を抜く。この時，鍋に直接びんを入れないで，下に布巾・網などを敷く。（写真④）

写真 ④

密封

脱気後，直ちに蓋を固くしめ密封する。

殺菌

再び熱湯中にびんを入れ，95〜100℃で25〜30分間殺菌をする。

冷却

殺菌後，直ちに冷却する。この時，冷水中にびんを直接入れると割れるので，鍋をおろし，熱湯中に細めの流水をかけ流しにして徐々に冷却するとよい。

製品

写真 ⑤

③ ワラビの味付けびん詰

製造方法

イ) ワラビのあく抜き方法

　ワラビのあくとして苦味，渋味，えぐ味などは，あく抜き操作を行い除去する。草木灰や重曹が使われている。草木灰は，ワラビ 1 kgに対して約40 g が必要で，水，1.5Lに草木灰を入れてよくかき混ぜ，静置後その上澄み液を用いる。重曹は，草木灰と同じ効果があるが，やや柔らかくなる傾向がある。重曹は，ワラビ 1 kgあたり 3 g を1.5Lの水に溶いたものを用いる。

　大きなボウルなどの容器にワラビを重ねて入れ下あく抜き操作を行う。あく抜き後は，味を確認し，まだ苦味が残っているときは，さらに水にさらす。採取直後の物はこの程度の加熱で十分柔らかくなる。冷蔵保存して置いたものはあく抜き後も固いことがあるので，必要に応じて熱湯で茹でる。

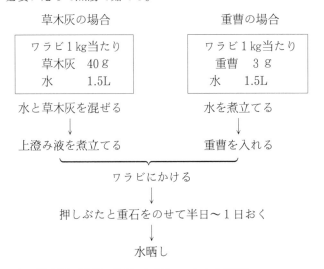

ロ) 保存用びん詰（900mL 容）× 2 本分程度

　原料：生ワラビ……1 kg
　　　　　水煮用……水 1 Lに対し，クエン酸　0.5 g　あるいは　食酢　11mL
　　　　　醤油風味味付け用　　醤油………150mL
　　　　　　　　　　　　　　　食酢………110mL
　　　　　　　　　　　　　　　焼酎………25mL
　　　　　　　　　　　　　　　食塩………35 g
　　　　　　　　　　　　　　　だし汁……600mL
　器具：鍋，ボウル，瓶と蓋，あるいは　シールできる耐熱性のパック
　製造工程：

　　　　　　　　　　　　　　　　　　　　水洗，水切り，不可食部の切断を行う。

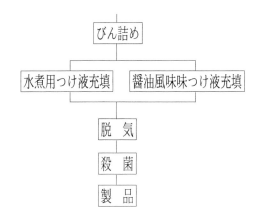

びん詰め	容器の大きさに合わせて切る。 パックやビンに詰める。
水煮用つけ液充填　醤油風味味つけ液充填	野菜などで酸味のないものを殺菌をする場合は，食酢などでpHを4.6以下にする。
脱　気	75℃まで加熱後，ふたを締める。
殺　菌	70〜80℃，1時間加熱殺菌を行う。
製　品	自然冷却

一口メモ
*ワラビの品種の特性

　ワラビの利用部位は，葉が開かない前の拳状の20〜30cmに成長した若芽で，春先から初夏にかけて採取することができる。一般的なワラビにはあくがあるが，草木灰や重曹で一夜あく抜きし食べることができる。茹でた後の若芽は緑の鮮やかな色彩と，繊維質や粘りに富んだ食感から，さまざまな食材として利用されている。加工品としては，保存用の塩漬けしたものを基に，各種の漬物がつくられている。一般的な加工品としては，山菜そばや山菜ご飯などの材料として他の山菜と混ぜた山菜ミックス漬がある。また，地下茎にはデンプンが13％程度含まれ，冬場にデンプンの採取・精製によりワラビ粉をつくるが，生産量は極めてわずかである。

　ワラビは全国的に分布しているが，地域によって少しずつ形態が異なり，若芽の色が緑色のものから赤みを帯びているもの，あくが強いものや弱いものなどがある。加工方法は基本的に同じで，あく抜きをしてから漬物などの加工品が作られている。

　近年，山梨県では山梨県総合農業センターが昔から自生していたあくのないワラビ（通称：あくなしワラビ）に注目し選抜育種し，栽培されるようになり，わずかながら市場にも出回り始めた。この系統は，あくがないため，食用とする段階で重曹などのあく抜きを必要としない。収穫したものを軽く茹で，水さらしを数時間すれば鮮やかな緑の色彩を生かした食材としてさまざまな料理にして食することができる。

　生のワラビは，中毒や発がん性を起こすノルセスキテルペン配糖体のプタキロサイドを含むので，必ず加熱操作やあく抜き，水さらしを行いプタキロサイドの除去を行う。但し，プタキロサイドの毒性は弱く数kgから数十kgを何週間にわたって食さなければその心配はない。そのままでは食料とならない食材を，先人の知恵で安全に食べることができるようにする加工操作には改めて感心する。ワラビのあく抜きもその一つであろう。

〈参考〉ワラビの塩漬けの加工工程

ワラビ　10kg
食塩　3kg
差し水（1.5Lに食塩450g）
重石　5kg

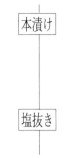

本漬け

下漬けワラビ　6.5kg
食塩　700kg
差し水（650mLに食塩350ｇ）
重石　5kg
　〈冷暗所で貯蔵〉

塩抜き

再加工時は塩抜きする。
水洗いし，ワラビの３倍量の水を添加。
約75℃まで加熱，再度水洗いする。

各種漬物の材料に使用

3　ピール

1)　製造理論

　糖果の一種で，果実や果皮を砂糖漬けにしたものである。糖による脱水作用により，微生物，細胞の原形質を分離させ，死滅ないしは繁殖の抑制により保存性を持たせたものである。柑橘類から作るピール類，チェリーやアンゼリカなどのクリスタル類，栗などのグラッセ類がある。

　柑橘類に含まれる苦味成分のナリンギン（Naringenin-7-rhamnoglucoside）は品種や部位により異なるが，50〜1000mg%前後あり，特に果皮の内白部に高濃度に含まれる。このナリンギン含量は40mg%以下になれば苦味は感じられない。そこで，果汁の場合は，水晒し等の操作はできないので，ナリンギナーゼという酵素による分解が有効であり食品工業では一般的に行われている。果皮の場合は，湯煮と水晒しを繰り返し，食塩水による加熱と水晒し，希塩酸による加熱と水晒しによる除去または，ナリンギナーゼによる除去が行われている。

①　オレンジピール製造法（出来上り量　800g）

　　原料：果皮……甘夏10個分
　　　　　　　果皮の厚い柑橘類で，完熟したものがよく，表面が滑らかで病虫害のないものを用意する。適果としては，夏ミカン・甘夏・オレンジ・グレープフルーツ・レモンなどである。また，果皮を食用とするのでなるべく無農薬でかつノーワックスの果実を選ぶ。
　　　　　グラニュー糖……果皮重量の1割増
　　　　　水………………砂糖量の半量
　　　　　糖衣用グラニュー糖……適量
　　器具：包丁，まな板，鍋，ざる，さいばし，木杓子
　　製造工程：

原料果実

| 黄色部除去 | 表皮の黄色部を薄くそぎ取る。（写真）または，おろし金でけずり取る。 |

| 剥　皮 | 果実の上下を切り落とし，縦に包丁で切れ目を入れ，皮がちぎれないように舟型に皮をむく。 |

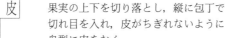
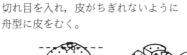

4〜5cm

| 水　煮 | 鍋にたっぷり水を入れ，果皮を加え，約20分間煮沸する。 |

72

| 水さらし | 流水で10分間水さらしを行い苦味物質を溶出させる。 |

| 水　煮 | |
| 水さらし | さらにもう一度，上記の操作を繰り返す。 |

| 水切り | ざるに果皮をとり，水を切る。 |

| 水 | → |
| 砂　糖 | → |

鍋に用意した水と砂糖の1／3量，水切りした果皮を入れ，火にかける。沸騰してしばらくしたら，残りの砂糖を順次加えながら煮詰めてゆく。果皮が透き通る位まで（約20〜30分）焦げないように注意して煮詰める。

煮　詰	
砂　糖	→
煮　詰	
乾　燥	

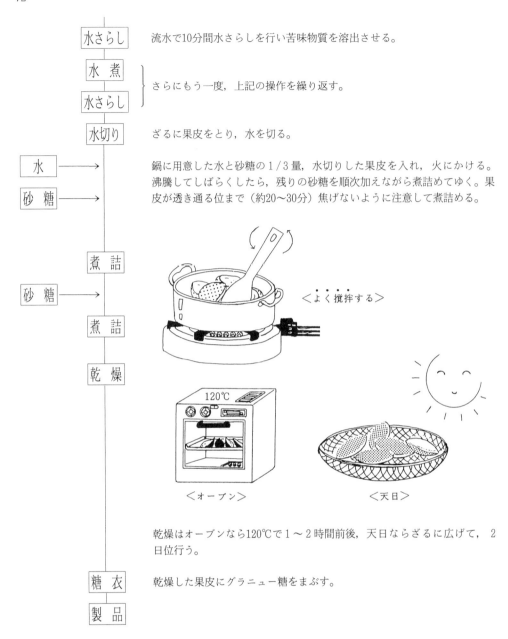

＜よく撹拌する＞

＜オーブン＞　　　　　＜天日＞

乾燥はオーブンなら120℃で1〜2時間前後，天日ならざるに広げて，2日位行う。

| 糖　衣 | 乾燥した果皮にグラニュー糖をまぶす。 |
| 製　品 | |

② ユズピールの製造法（出来上り量　果皮1kg分でピール約1.1kg）

原料：ユズ……2kg（果皮1kg）
　　　砂糖……700g（ソルビトール注1）使用の場合は果皮重量の10％添加）
　　　水………350mL
器具：包丁，まな板，鍋，ざる，さいばし，木杓子
製造工程：

| ユ　ズ | 表面の汚れ等を水洗しておとす。 |

| 水　洗 |

| 切　断 | 4つ割に包丁で切る。（写真①）
果肉と果皮を分け，果皮の面に竹串などを束ねて刺し穴を開ける。
（苦味物質を除きやすくするためにこの処理を行う） |

| 果　肉
（種） |　| 果　皮 |

| 細　刻 | 仕上げたい厚さ（6mm）に包丁で切る。（写真②） |

| ①水煮 | 苦みの除去のために10分ほど煮る。 |

| ②水洗 | 流水で5分間水洗いする。（写真③）
①と②を果皮を食べて程よい苦みになるまで数回繰り返す。 |

| 砂糖1/3量＋水 → | ボウルに350mLの水と砂糖量の1/3を加える。 |

| ユズ果皮 |

| 煮詰め | 一回煮立ったところでユズを入れ，砂糖量のさらに2/3を加えて煮詰める。（写真④） |

| 砂糖1/3量 → | 7〜8分煮たところで，残りの砂糖をさらに加え，煮詰めを続ける。
この際，溶液全部を煮詰めると乾燥後砂糖が結晶化するので，8割程度の煮詰めでシロップを残して終了する。 |

| 砂糖1/3量 → |

| 果　皮 |

| ユズシロップ ← | 煮詰めの終了した果皮をざるにあけ，シロップ（約700g）注2）と分ける。 |

| 乾　燥 | ざるに広げ天日にて2〜3日乾燥を行う。 |

| 製　品 | 乾燥の程度により異なるが，糖度50〜55度に仕上がる。 |

保存は冷蔵または冷凍にする。（乾燥前の糖度は40度前後であるから低糖度の状態で製品とする場合は，袋に密封し冷凍保存する。）（写真⑤）

写真 ①

写真 ②

写真 ③

写真 ④

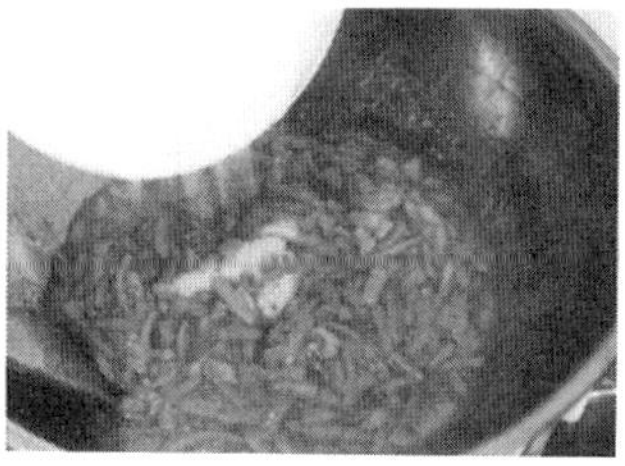

写真 ⑤

注1) ソルビトールについて

果皮重量の10％量のソルビトールを添加すると，製品にソフト感が付与される。

D－ソルビトール，$C_6H_{14}O_6$，分子量182.2，海藻類・植物，特にバラ科植物に多く含まれる。ナナカマドの実で13〜17％，ドライプルーンでは20％を越える場合もある。肝臓でソルビトール脱水素酵素などの働きを受け，フラクトースに変換されてエネルギーになる。しかしブドウ糖と異なり，血糖値，インシュリンの増加を示さない。ショ糖の55〜65％の甘味度を有し，食品へは保湿，品質改良剤として利用される。

注2) ユズシロップについて

ユズピールを製造する際の煮詰め時に副次的に出来る製品であるが，ユズの果皮1kgをピールにすると，ユズシロップは約700g得られる。

そのまま食してはかなり甘いものであるが，飲物に入れたり，製菓や料理用ソースとしての活用もできる。

4　ソース

　ソースとは洋風調味料で野菜や肉料理，菓子にかけて使い，広義にはソイソース（醤油），マヨネーズ，トマトケチャップを包含する液体調味料である。通常は，ソースといえばウスターソース，トンカツソース，中濃ソース等を指すことが多い。

1)　ソースの分類

　ソースは，食卓用，料理用の二種に分けることができる。

食卓用……ウスターソース，トンカツソース

料理用……アンチョビーソース，ホワイトソース，トマトソース，チリソース，トマトケチャップ，マヨネーズ，スパゲティソース

(1)　ウスターソース（worcester sauce）

　食卓用のソースで，わが国でソースといえばウスターソースを指すほど普及している。今からおよそ英国のウスターシャーで作られはじめたためこの名がある。原料配合特に香辛料の配合が大きなポイントである。

(2)　トンカツソース・中濃ソース

　濃度の濃いどろどろとしたソースで，原料はウスターソースの原料に加え，煮たリンゴとトマトピューレを多量に使用している。そのため，風味も非常にソフトな感じがする。また，辛味，酸味をウスターソースより20〜30%少なめにしている。

(3)　トマトピューレ（tomato puree）

　トマトを煮て裏ごし濃縮したもので固形分が12〜13%，どろっと流れるほどの粘度をもつ。さらにこれを濃く煮詰めたものが，トマトペーストで固形分が27〜28%でほぼピューレの倍の濃さである。

(4)　トマトケチャップ（tomato ketchup）

　トマトピューレに砂糖，ブドウ糖，食塩，酢，うま味調味料，トウガラシ，コショウ，チョウジ，ニクズク，メースなどを加えて半分に濃縮したあと仕上げ機にかけて均質にしたものである。

2)　原　料

(1)　酢について

　食酢は3〜5%の酢酸を主成分とした調味料であってわが国でも古くから粕酢，米酢（よねす）などがあり，また欧米では果実酢，麦芽酢などがある。最近ではアルコールそのものを原料とするものも大量につくられている。食酢の主成分である酢酸は，原料中のアルコールが酢酸菌の酸化作用によって生じたものである。

酢は酢酸菌の作用により，よい香りとまる味のある味をもち，原料の種類により風味や特徴がある。また，非常に多くの成分を含んでいるため緩衝力が強く，料理に使ってうすまっても，酸度の落ちにくいのが特長である。酸味の主体は酢酸であるがその他多くの有機酸類による複雑な幅広い奥行きのある酸味をもつ。さらに浸透力がたいへん強いので魚をしめる時に使用されている。

酢はこの他に殺菌力および防腐力を持ち，われわれの健康に大きな役割を果たしている。うすめないままの酢の中ではほとんどの菌が，ほぼ10分以内に死滅してしまう。少なくとも30分以上酢に浸しておけば食中毒の心配は少なくなる。

(2) 香辛料について

植物の種子・果実・根茎・葉茎・花蕾・樹皮を材料とし，味覚とか嗅覚に対して刺激性の香味をもち，飲食物に風味を与え，食欲を増進させるものを一般にいう。その形には，材料の植物の原形のままのもの，乾燥したもの，粉末のものあるいはそれらの調合されたものがある。

種　類

辛味料……トウガラシ，マスタード，ワサビなど

香味料……ローレル，コショウ，シナモンなど

着色料……黄色のウコン，赤のパプリカ，サフラン（香味，色）

薬　味……ワサビ，ショウガ，サンショウ，ネギ，セリ，ウド，ダイコン，ミョウガ，シ
　　　　　　ソ，ミツバ，ノリ，カラシ，七味トウガラシ

苦味料……ホップ，ユズ，フキノトウ

エッセンス……天然物：バニラ，アーモンド，アニス，ミント，レモン
　　　　　　　　合成エッセンス：ヨーグルト，コーラ，オレンジなど

効　用

イ　食欲の増進　香辛料の刺激性物質が消化器管の粘膜を刺激し中枢神経の働きを高め，消化液の分泌が多くなり食欲が増進する。

ロ　防　腐　作　用　香辛料のもつ刺激成分は体内での回虫その他寄生虫の駆除に効果があるとされ，また，その成分中には食中毒や食物の腐敗を防ぐ作用を持つ物質がある。コショウ・カラシ・ショウガ・ワサビなどといった辛味が強いものほど防腐力に富む。ただし，トウガラシは辛味が強いが殺菌力は弱い。

ハ　医薬的作用　漢方薬としての効用が大きく，特にサフランなどは婦人薬として特効があるとされている。

3)　ソース製造法

①　中濃ソース

　中濃ソースはウスターソースの主原料が野菜であるのに対し，果実類を多く使用し甘口で粘稠性の高いソースである。ウスターソース類は日本農林規格により定義と規格が定められている。ソースは原料の食酢の殺菌作用や食塩・砂糖の浸透圧，香辛料の防腐作用によって，製造後殺菌の必要がない腐敗しにくい食品となっている。原料は主に以下の7区分に用途が分けられる。

野菜類：玉ねぎ，にんじん，トマトなどの野菜類や果実を用いる。

鹹味料（かん み）：精製塩または白塩を用い，醤油を加えることもある。

酸味料：日本農林規格で特級は醸造酢に限る。

甘味料：砂糖類，はちみつなど。

うま味料：昆布，アミノ酸液，アンチョビー・エキスなど。

香辛料：ナツメグ，クローブ，タイム，シナモン，オールスパイス，セージ，コショウ，カ
　　　　ルダモン，ローレルなど多数の香辛料と，トウガラシの辛味料を用いる。

着色料：主としてカラメルが用いられる。

原料：（出来上り量1L）トンカツソースの場合配合が変わる原料のみ（　）で表示

```
        ┌ りんご……………80 g（160）        香辛料  ┌ シナモン………………0.7 g
        ├ トマトペースト…100 g（80）              ├ ホワイトペッパー……0.1 g
        ├ 玉ネギ……………60 g（120）             ├ セージ…………………0.8 g
     Ⓐ ─┤ ニンジン…………20 g                   ├ タイム…………………0.1 g
        ├ ショウガ…………10 g                   ├ オールスパイス………0.7 g
        ├ ニンニク…………10 g                   ├ ナツメグ………………0.1 g
        └ セロリー…………10 g                   ├ クローブ………………1.0 g
                                                ├ ローレル………………0.5 g
                                                ├ カルダモン……………0.1 g
                                                └ チリペッパー…………0.1 g
```

砂糖……………………………120 g（70）
コーンスターチ（1.5%）………15 g
食塩……………………………50 g（40）
醤油……………………………75 mL（60）
食酢……………………………150 mL（120）
りんご酢などの果実酢…………80 mL（65）
だし汁┌ 煮干………5～7尾┐　400 mL
　　　├ 昆布………5 cm角│
　　　└ 水………500 mL┘
カラメル※………………………適量

※カラメルの作り方

```
グラニュー糖 100 g
      │
      ├─── 水大さじ1
      │
  ┌─────┐
  │加 熱│
  └─────┘
      │
  ┌─────┐
  │撹 拌│
  └─────┘
      │
      ├─── 水50mL
      │
  ┌─────┐
  │再撹拌│
  └─────┘
      │
   (加熱)
      │
  ┌─────┐
  │製  品│
  └─────┘
```

鍋にグラニュー糖と水大さじ1を入れて火にかけ，なるべくかき混ぜないようにして，※全体がキツネ色になったら直ちに火からおろす。

　　※途中の撹拌は砂糖の微結晶生成（フォンダン状）原因になる。

予熱でさらに黒褐色となるので鍋の荒熱を流水でとり内容物が少し冷めたところで，火傷に注意しながら水を50mL徐々に加える。加え終えたら再び撹拌をする。この時水が分離しているようなら再加熱して煮溶かして仕上げる。

カラメルはソース原料の他，カスタードプディングにも利用できる。

器具：ステンレス製ボウル，ゴムベラ，木杓子，鍋（圧力鍋），ミキサー，裏ごし器，計量スプーン，計量カップ，ホーロー鍋，包丁，まな板，保存びん

製造工程：

```
  ┌─────┐
  │原料Ⓐ│
  └─────┘
      │
  ┌─────┐
  │細 刻│
  └─────┘
      │
┌─────┐
│だし汁│───
└─────┘
      │
  ┌─────┐
  │加 熱│
  └─────┘
      │
┌──────────┐
│ミキサー処理│
└──────────┘
      │
  ┌─────┐
  │裏ごし│
  └─────┘
      │
┌────────────┐
│コーンスターチ│───→
└────────────┘
      │
  ┌─────┐
  │加 熱│
  └─────┘
      │
┌─────┐
│砂 糖│
├─────┤
│食 塩│───→
├─────┤
│香辛料│
└─────┘
      │
┌─────┐
│カラメル│───→
└─────┘
      │
┌─────┐
│醤 油│───→
└─────┘
```

材料を5 mm角程度に細刻し，圧力鍋に入れ，だし汁400mLを加え15分間火加減を調節しながら加熱する。（圧力鍋がない場合は，20～30分材料がドロドロになる位まで煮熟する）

加熱終了後の原料Ⓐは，人肌程度（40℃位）まで冷却した後に，ミキサーに30秒ほどかけ均質な母液を得る。（写真①）
（冷却を怠るとミキサー内で突沸を起こすので注意すること）
裏ごし器を凹型にして母液を通し上から木杓子で押して水分を十分におとす。
分量のスターチを水200mLに懸濁させたのち裏ごしした母液に加え絶えず撹拌しながら，沸騰してから2～3分加熱を行い，火を止める。

（写真②）

写真 ①　　　　　　　　　　　写真 ②

分量の砂糖，食塩，カラメル（カラメルを入れなくてもできる），香辛料，醤油を加えて混合・溶解させる。

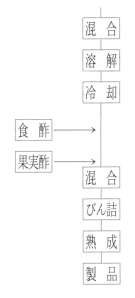

混合
溶解
冷却

50〜55℃まで冷却し，食酢と果実酢を加える。（写真③）
全量が1Lに満たない場合は水を加えて1Lとする。

写真 ③

食酢 →
果実酢 →
混合
びん詰
熟成
製品

1ヵ月以上熟成させて食用とする。

② トマトケチャップ

　トマトを主材料とした一種の調味料で，塩，砂糖，食酢のほか各種の香辛料を加えて濃縮した，固形分25％内外（比重1.12〜1.13）のものをトマトケチャップという。ピューレと同様に，銅・鉄製の器具をさけホーローまたはステンレス，アルミを使い低温・短時間に仕上げる必要がある。びん詰後のケチャップの変質には，分離現象と黒変現象がある。

　原料：＜出来上り量700mL容ケチャップびん1本分＞

トマトペースト………400g
（生トマトの場合……2.5kg）
玉ねぎ………25g　（中1/8個分）
ニンニク……0.8g（1/3カケ）
食塩………12g（小さじ2）
砂糖………56g（大さじ4強）
食酢 or リンゴ酢………70mL
（あればワインビネガー少量）

香辛料┬シナモン…………0.7g
　　　├ローレル…………0.2g
　　　├オールスパイス……0.6g
　　　├カルダモン………0.2g
　　　├セージ……………0.5g
　　　├クローブ…………0.3g
　　　├ナツメグ…………1.0g
　　　├コショウ…………0.5g
　　　└チリペッパー………0.1g

　器具：ステンレス製ボウル，木杓子，おろし金，包丁，まな板，ステンレスまたはホーロー製鍋，ミキサー，裏ごし器，保存びん（鍋にびんを入れ，水を加え火にかけ，沸騰後15分間の殺菌をあらかじめ行っておく）

　製造工程：
　a.トマトペースト原料の場合

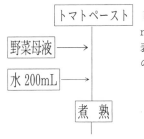

トマトペースト
野菜母液 →
水 200mL →
煮熟

トマトペースト400gに玉ねぎ，ニンニクをすりおろしたものと，水200mLを加え，ホーローまたはステンレスの鍋に入れて5分間程煮熟する。表面がぶつぶつとなる位を目安とする。粘度が高まると焦げつきやすいので火加減は中火とし，絶えずかき混ぜる。

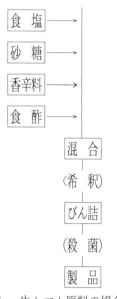

食塩 →　火力を弱火にし，分量の食塩，砂糖，香辛料，食酢を次々と混合する。

砂糖 →

香辛料 →

食酢 →

混合

（希釈）　（トマトケチャップの粘度として高い場合のみ適量の水を加えて希釈し，再沸騰をさせる）

びん詰　あらかじめ殺菌済みのびんにトマトケチャップを熱いうちに（90℃以上）詰めて密封する。この場合は，殺菌操作の必要がない。

（殺菌）

製品　開封後，冷蔵庫で1～2ヵ月の保存ができる。

ｂ．生トマト原料の場合

生トマト　十分に完熟した赤色のトマトを選ぶ，もし青味の多いものは1～2日，日に当てて追熟させる。

ブランチング　よく洗浄したのち，ざるに入れ沸騰水中で1～2分ころがしながら湯通しを行う。

剥皮　湯通しにより表皮がむけやすくなるので皮をとり，へたや損傷部・青色部を除く。

細刻

ミキサー混合　ミキサーにかけられる程度に細刻し，1～2分ミキサーにかける。

裏ごし　裏ごしを凹型にして，この中にトマトのジュース分を入れて裏ごしを行う。

野菜母液 →

煮熟　あらかじめ，おろし金でおろしておいた玉ねぎとニンニクを鍋に入れ，ひと煮たちさせ，先の裏ごしたトマトを加え，中火で絶えずかきまぜながら煮熟する。

香辛料 →　容量で1/3量位まで煮詰めたところで，分量の香辛料，食塩，砂糖，食酢を加えて混合する。

食塩 →

砂糖 →

食酢 →

混合

びん詰　熱いうちに（90℃以上）あらかじめ殺菌しておいたびんに詰め密封する。

製品　トマトピューレ，トマトペーストに比べ，淡赤色に仕上がるため，色づけを嫌う料理で上品な赤さに仕上げたい時に適する。

5　漬　物

1）製造理論

　漬物は種類が多く，その熟成の内容に差異があるが共通した重要な作用は漬床の液と原料中の汁液が浸透によって交換することである。野菜が生の場合は細胞が生存していてその原形質膜は多くの調味成分を透さないため浸透作用は起こらない。しかし，細胞が死ねば原形質膜はその機能を失い，各種の成分が細胞の内外に自由に交換できるようになる。したがって漬物にするために，まず原料を塩水に接触させる，乾かす，熱する，もむなどの操作により，細胞を死に至らしめる。これらの操作の後，浸透作用が自由に行われ食塩，微生物，酵素などの作用により生じた有機酸，エステル，糖，その他の香気成分が原料に侵入して熟成する。

　その熟成の速度は，浸透圧の速度に関係し，浸透圧の差が大きいほど大で，温度が高いほど大である。したがって食塩の濃度が高く，暑い時ほど速く漬かる。

　食塩濃度20％以上では細菌の発育が阻止されるため防腐の役目をもつ。また塩分が2～5％と低い一夜漬や浅漬のようなものは野菜自体の酵素の働きにより，自己消化現象を起こして風味が醸成される。しかし，低い塩分では各種の腐敗菌が繁殖して風味の変化を起こし，保存性がない。野菜の保存を目的とした塩蔵は塩分濃度が10％以上であるから，自己消化も抑制され，また腐敗菌も塩水高浸透圧のために防止されて，長期保存することができる。

　漬物製造における食塩は味つけ，原料の柔軟化，脱水作用による組織の引きしめ，微生物の抑制，発酵の調整，漬かりの速度に関係する。

2）漬物の理論上からの分類

　漬物は漬けた物をそのまま食する普通漬物と，そこからさらに漬液や漬床に漬け換えた二次加工漬物がある。普通漬物の①は④の種類のように微生物の繁殖により風味を醸成したものと，㋺の低塩で短時間高い塩分で長期間漬けるものがあり，いずれも微生物は関与せず，野菜の酵素が働くのみである。二次加工漬物の②のうち，㊁は漬床が微生物の発酵により生産されため，多数の微生物や酵素を含むので，①の漬物を漬け換えると漬床独特の風味が付与される。㊁の漬液は微生物や酵素を含まないので漬液そのものの味が直接浸透する。

　農産物漬物のうち農産物ぬか漬け類，農産物しょうゆ漬け類，農産物かす漬け類，農産物酢漬け類，農産物塩漬け類，農産物みそ漬け類，農産物こうじ漬け類及び農産物赤とうがらし漬け類であって缶詰及び瓶詰以外のものには，日本農林規格が適用される。

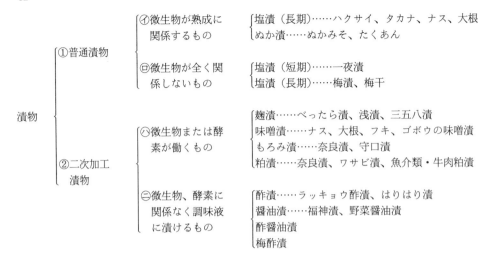

3) 食塩の使用量

　塩の添加量は漬物の種類，保存期間，保存中の気温により加減しなければならない。水分の多い野菜や，保存期間の長い場合は，添加量を多くする。冬期には，4〜5％の塩分でもかなり，長期保存されるが，夏期には10％の塩分でも数日で産膜酵母が発生し，数週間で野菜が軟化する。塩の添加量を例示すると，図表Ⅱ−5のようである。

図表Ⅱ−5　漬物と塩の分量表

漬物の種類	材料に対して（％）
即　席　漬	2％
一　夜　漬	3％
早　　　漬（2〜3日間）	4％
〃　　　（白菜，漬菜，半月）	5％
保　存　漬（1ヵ月）	6％
（2ヵ月）	7〜8％
（3ヵ月）	9〜10％
長　期　保　存（6ヵ月）	12〜14％
（6ヵ月以上）	15％以上

　漬上りの塩分を10％とする場合に野菜の重量の10％の食塩を添加しても10％の漬上りにはならない。それは野菜の水分含量が野菜により異なるためである。

4) 主な漬物の製造法

①　たくあん漬（出来上り量　45kg）

　　原料：大根……生葉付きで150kg　干し大根で40kg内外（大根50本位に相当）
　　　　　米ぬか，食塩……図表Ⅱ−5参照
　　　　　白砂糖………450g　　ミカン皮粉末……300g
　　　　　板コンブ……500g　　トウガラシ………20g

図表Ⅱ－6　漬込み期間の長短によるたくあん漬の種類と塩、ぬかの配合例

種類	食用期	干し大根	乾燥日数	乾燥程度	塩	米ぬか
甘漬	12～1月	40kg	5～7日	やわらかになる程度	1.5kg	1.7kg
	2～3月	〃	7～9	弓形にまがる程度	2.0	1.7
中漬	3～4月	〃	9～12	三日月形にまがる程度	2.5	1.5
辛漬	4～6月	〃	12～15	円形にまがる程度	3.5	1.1
（本漬）	7月以後	〃	16～20	結びにまがる程度	4.5	0.7

器具：包丁，まな板，たる，押し蓋，重石
製造工程：

大根
乾燥　大根を水洗いし乾燥させる。乾燥の度合は甘塩では弓なりになる5～6日。辛塩の長期保存のものでは丸く曲る位の13～15日である。

　（5～6日）　（13～15日）

漬込み　ぬか，塩，調味料（砂糖，唐辛子）その他の副原料（板コンブ，ミカン皮，カキの皮，なすの葉など）を混合し，たるに大根を隙間なくつめその上にぬか床を撒布し大根とぬか床を交互に漬け込む。
たるのふちの一段上まで大根を詰め，押しぶたをして重石をのせる。
漬込み後風当りの少ない寒いところにおき水が上がったら重石を半分にする。汁液が多少表面にあるのが大切で空気に触れさせないようにする。

製　品

② ⓐ梅干（出来上り量　約2kg）

原料：中梅…2kg　肉の厚い核の小さいもので熟度は黄味をおびる直前が良い。
　　　（梅干用に向いている）
　　　塩…原料梅の18％（低塩（12～15％）で漬上げる場合は冷所保存する）
　　　赤ジソの葉…300g以上（梅の15％以上）（塩…シソの葉の5％）
器具：ボウル，ざる，容器，押し蓋，重石
製造工程：

青梅
水洗　青梅を水洗いしゴミ，薬物，虫などを除く。
（水漬）　一夜水漬しアクを除き種ばなれをよくする。
塩漬　水を切った梅を塩と交互に容器に漬け込み押しぶた，重石をする。
赤ジソの漬込み　2～3週後赤ジソを5％の塩で荒もみし，一番汁を捨てて梅酢を加えてもんだ2番汁を梅の中へ漬け込む。
梅漬 ←
土用干し　土用の天候のよい日に4～5日干し上げる。

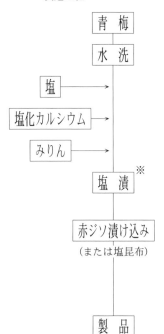

ⓑ甲州小梅の赤ジソ漬と塩昆布漬（出来上り量　約250g）

原料：青梅（甲州小梅）……250g　やや未熟のとりたてのもの（梅漬け用に向いている）
　　　食　塩……………………20g（原料梅の8％）
　　　塩化カルシウム………0.25g（原料梅の0.1％）
　　　みりん…………………25mL
再漬け込み { 赤ジソの葉…………40g（原料梅の16％）　または　塩昆布……10g
　　　　　　食　塩…………… 2g（シソの葉の5％）

器具：ボウル，ざる，チャック付袋，容器，押し蓋，重石

製造工程：

青梅　　青梅を水洗いしゴミ，薬物，虫などを除く。
　　　　竹串でヘタ部分を取り除く。
水洗

塩　　　チャック付き袋に入れ，塩と塩化カルシウムを全体にまぶし，みりん
塩化カルシウム　　を入れてさらにもみ込む。
みりん

塩漬※　押し蓋と重石をして，2〜3週間漬け込む。

赤ジソ漬け込み　　赤ジソは流水でよく洗って水けをきり，5％の食塩を加えて荒もみする。
（または塩昆布）　この時出てきた一番汁（黒い灰汁）は捨てる。

　　　　塩漬けしておいた梅から梅酢を取り出し，そこに赤ジソ（または塩昆
　　　　布）を加えてもみ込んだ後，再び梅の中へ戻し，漬け込む。

製品　　※塩昆布漬の場合は，赤ジソの代わりに加えてもみ込み，漬け込む。

※梅を硬く漬ける方法　　・甲州小梅の5月下旬から6月上旬にかけてやや未熟のとりた
　　　　　　　　　　　　　ての梅を使う。
　　　　　　　　　　　　・原料梅に対し0.1％の塩化カルシウムを加える。（ペクチン酸カ
　　　　　　　　　　　　　ルシウムの生成）
　　　　　　　　　　　　・漬け込む際に梅を塩で5分程度よくもむ。（繊維を傷つけつか
　　　　　　　　　　　　　りを早くする）
　　　　　　　　　　　　・ペクチンの軟化を防ぐために冷蔵保存する。

③　ラッキョウ漬(出来上り量　約1kg)

　　原料：ラッキョウ（調整ラッキョウ）1kg
　　　　　塩水……10～15％内外
　　　　　食酢……240mL　　　砂糖……200g
　　　　　みりん……240mL　　うま味調味料……0.5g
　　　　　好みによってコンブ，トウガラシ，はちみつ等を加えるとよい。
　　器具：包丁，まな板，容器，押し蓋，重石
　　製造工程：

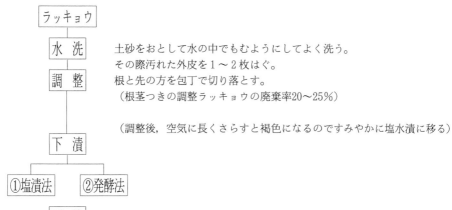

ラッキョウ

水　洗　　土砂をおとして水の中でもむようにしてよく洗う。
　　　　　その際汚れた外皮を1～2枚はぐ。

調　整　　根と先の方を包丁で切り落とす。
　　　　　（根茎つきの調整ラッキョウの廃棄率20～25％）

　　　　　（調整後，空気に長くさらすと褐色になるのですみやかに塩水漬に移る）

下　漬

①塩漬法　②発酵法

①塩漬法　下　漬　　ラッキョウに対し約10％内外の塩で塩漬し，少量のさし水をし押し蓋，重石をする。

調　整　　7～10日下漬をした後ざるにあげ再度形を整える。

本　漬　　板コンブ（細切り）トウガラシ（小さな輪切り）をラッキョウに混合してびんに詰め酢，みりん，砂糖を混合した甘酢液を注入し密封して冷暗所に保存する。

製　品　　食期は2ヵ月～1年後。

②発酵法　下　漬　　ラッキョウに対し15％の食塩をあらかじめ食塩の3倍量の水に溶かしておく。ラッキョウを容器に入れ調製した塩水を注ぎ押し蓋をして重石をおく。水分の蒸発を防ぐために上蓋をしっかりしておく。発酵は約40日で終了する。（ラッキョウの中の食塩濃度は11％内外となる）

塩抜き（脱塩）　下漬の終了したものを5時間流水中に浸し塩抜きをする。（ラッキョウ中の塩分は6％内外となる）

水切り

中　漬　　下漬ラッキョウを食酢または3％酢酸液に水120mLを加えた希釈食酢を注入し押し蓋，上ぶたをして冷所で15日前後漬け込む。
　　　　　　製品の色を白く仕上げるには……3％酢酸液。
　　　　　　風味のよい製品には……食酢を用いる。
　　　　　食酢または氷酢酸を水で薄めボウルに入れて火にかけ砂糖その他の調味料を加えて沸騰したら火からおろし40℃前後まで急冷する。

本漬調味液

加　熱

冷　却

86

| 本　漬 | 中漬ラッキョウをざるにとり水を切り本漬調味液を注入し密封する。 |

| （殺　菌） | 本漬中に酵母が繁殖して調味液がにごりガスが発生する場合がある。
また，ラッキョウにはフォスファターゼが含まれているので，うま味調味料の5′-リボタイドは分解され呈味がなくなることがあるので工業的には本漬後70℃10分間ないし80℃到達温度で殺菌することがある。 |

| 製　品 | 本漬後10日位経過すれば食用に供される。 |

④　ピクルス

　　ⓐピクルス（発酵法）（出来上り量　450mL びん3本分）

原料：キュウリ……10本（800g位）

a {食塩……100g
　水………3カップ}

b {酢………4カップ
　砂糖……½カップ（85g）
　食塩……小さじ1}

※ {クローブ…………酢の0.05%
　シナモン……………　〃
　オールスパイス……　〃
　ローレル……………　〃
　トウガラシ…………少々}

　　　※この他に好みの香辛料を組み合わせても良い。またピクリングスパイスとして調合された
　　　　市販品もある。
器具：包丁，まな板，ボウル，鍋，保存びん
製造工程：

| 原料野菜 | キュウリ以外にもニンジン, 玉ネギ, カリフラワー, キャベツなども良い。 |

| 調　整 | 水洗後大きいものは2〜3等分にする。 |

| 下　漬 | a分量の水に食塩を溶かし野菜を漬け込み24時間程下漬を行う。 |

| 本　漬 | |

| b調味液 →
 香辛料 → | b調味料と香辛料を合わせて火にかけ10分程煮沸後冷却してから，水気を切った野菜を漬け込む |

| 製　品 | 食期は2週間後〜10ヵ月位までとする。 |

| （びん詰，殺菌） | 長期保存の場合はびん詰し，80℃20分間殺菌する。 |

　　ⓑ和風ピクルス（出来上り量　900mL びん1本分）

材料：きゅうり……………150g
　　　大　根……………200g
　　　人　参……………60g
　　　セロリ……………（葉は除く）70g
　　　赤・黄パプリカ……各60g

Ⓐ {酢………………1カップ（200mL）
　だ　し…………150mL
　砂　糖…………75g
　みりん………大さじ3（45mL）
　ローリエ………3枚
　タカノツメ……3本
　クローブ………3〜5個
　粒コショウ……6〜8粒
　食　塩…………9g（だし＋酢の2%）}

器具：包丁，まな板，ボウル，鍋，びん

製造工程：

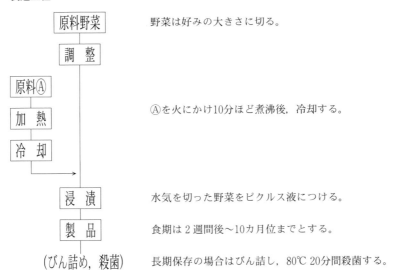

原料野菜　　　野菜は好みの大きさに切る。

調　整

原料Ⓐ

加　熱　　　Ⓐを火にかけ10分ほど煮沸後，冷却する。

冷　却

浸　漬　　　水気を切った野菜をピクルス液につける。

製　品　　　食期は2週間後〜10カ月位までとする。

（びん詰め，殺菌）　長期保存の場合はびん詰し，80℃20分間殺菌する。

⑤　白菜キムチ（出来上り量　約3.5kg）

原料：白菜……2株（約2.5kg位の大きさ）　　　塩……白菜重量の4〜5％
副材料：

a
大根………150g
長ネギ……150g（中2本）
セロリー…30g
ニラ………40g
人参………45g
リンゴ（またはカキ，ナシ）…1/3個
副材料の量や種類などは適宜お好みの
ものに変更可

b
生姜………10g
ニンニク…20g

c
塩辛………………30g
いりごま…………30g
糸こんぶ…………6g
トウガラシ粉（韓国産）……30g
砂糖………………大さじ11/2
松の実……………8g

塩……a原料に対して1％　　　　　　※色付・うま味強化には市販のキムチ漬のもと
　　　　　　　　　　　　　　　　　　　を250mL補うと良好。

器具：包丁，まな板，ボウル，たる，押し蓋，重石，おろし金
製造工程：

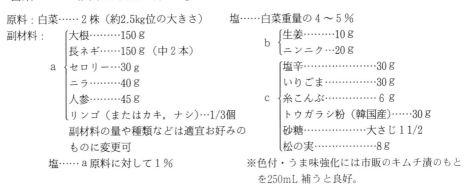

白菜　　　　外側の葉の傷ついた部分をあらかじめ除いた後よく洗って，お尻の方に軽
　　　　　　く包丁で切れ目を入れ，2つ割または4つ割にする。（写真①）

（日干し）　（2〜3日日干し）

下　漬　　　白菜重量の4〜5％の塩で下漬し押し蓋と重石（原料の80％量）をし3〜7
　　　　　　日程おく。（写真②）

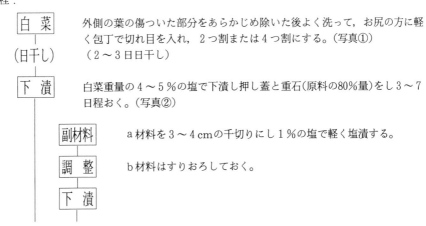

副材料　　　a材料を3〜4cmの千切りにし1％の塩で軽く塩漬する。

調　整　　　b材料はすりおろしておく。

下　漬

┌─── b・c材料　　　　下漬物のa材料の水気を搾りb・c材料を混ぜる。
│　　　　　　　　　　　　　（写真③）
←│混 合│

│本 漬│　　下漬白菜を取り出し，短期に食べるものは流水で10〜15分水洗いしてうす
│　　　　塩が残る程度に塩抜きする。（長期のものはそのまま水気を絞る。）
│　　　　白菜の葉の間に混合物を層にしてはさみこみ，白菜の軸のほうからきっち
│　　　　りと巻き容器に詰め上にラップをかぶせ軽い重石をのせ冷暗所に保存する。
│　　　　（写真④，⑤）

│熟 成│　　冷蔵庫などの5℃位の所で熟成を行う（1週間程度）。

│製 品│　　食べ頃は本漬後数，週間前後とする。（写真⑥）

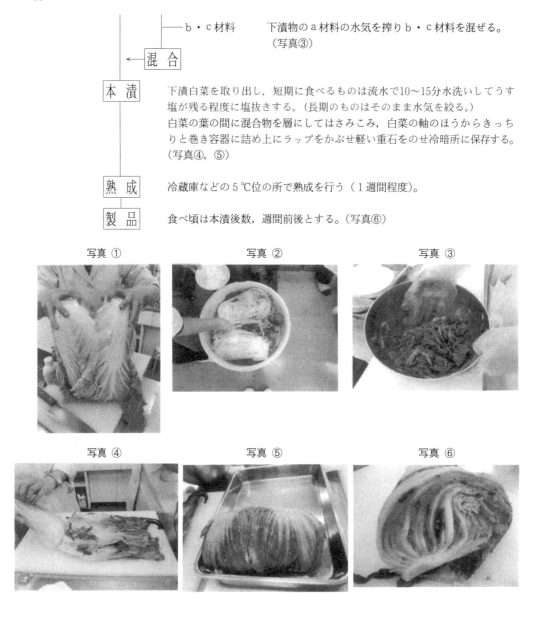

写真 ①　　　　　　　　写真 ②　　　　　　　　写真 ③

写真 ④　　　　　　　　写真 ⑤　　　　　　　　写真 ⑥

Ⅲ　肉の加工

1　食肉加工一般

1)　食肉製造と肉の熟成

　家畜から食肉になる流れは，牛・馬・豚・羊・山羊が「と畜法」により規制され，鶏・七面鳥・アヒルは「食鳥処理の事務の規制および食鳥検査に関する法律」により取り扱われている。＊そのほかの食鳥（ウズラ・キジ・鴨）はこの法律に規制されていない。

　家畜は屠畜場で目視により健康状態をチェックし，その後屠畜され，血液をすばやく放血した後，皮や羽毛を除去する。さらに内蔵を抜き取り，内蔵についても異常がないかチェックが行われる。鶏は冷却後直ちに解体し各部位別に袋詰めされ出荷される。豚や牛については屠体を丸といい，半分に分割したものを半丸といいこれを冷却した後さらに枝肉に分割する。

　このときの肉の冷却中に死後硬直と解除が起こり，さらに肉タンパク質が自己消化を起こして食肉が熟成される。この間に肉のタンパク質は，ペプチドや，アミノ酸を生じ旨味を増すと同時に肉質が柔らかくなる。

　肉製品の種類を図表Ⅲ－1に示した。

　①②は，単味品とよばれる製品で，一つの肉塊をさらに分割したり，肉挽きをしたりすることなく，塩漬・燻煙した製品で，ボイルドハムはスチーム加熱をしている。

　③は，3～4cmの肉塊とつなぎ肉（兎肉や魚肉）の挽き肉を塩漬後，混合してケーシングに充填し，加熱燻煙した製品。

　④の工程はエマルジョン型（フレッシュソーセージ・スモークドソーセージ・クックドソーセージ）と挽き肉型（フレッシュソーセージ・ドライソーセージ・セミドライソーセージ）に分けられる。主な工程は，塩漬→肉挽き→混和→細切→充填→結紮→燻煙→（加熱）である。

　⑤は，牛肉や豚肉の屑肉と内蔵などに，チーズ・卵・穀粉・野菜・果実などの副原料と結着材（卵白，ゼラチン）を加え，金属製の型に充填しオーブンで蒸し焼き（内部温度66～70℃で4～6時間）した製品。工程の基本は，エマルジョン型ソーセージとほとんど同じである。

　⑥は，缶詰の製法を用いて製造した製品。

　⑦は，漬け込む副材料の風味が付与されると同時に，塩蔵の効果がある。

　⑧は，ビーフジャーキーなどの製品で，牛赤肉を塩漬→急速冷凍→調温→スライサー（3㎜）→金網上で風乾（40～50℃）→裁断→乾燥（水分20～22%）して製品となる。

　ハム，ベーコン，ソーセージ等は日本農林規格が定められている。

図表Ⅲ-1　肉製品の種類　　　　　　　　内は製品名

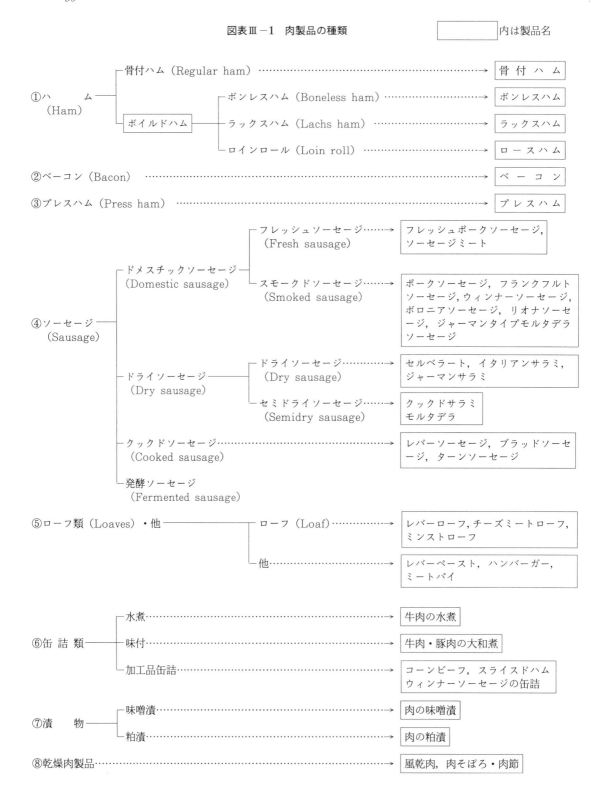

2）　食肉の成分と加工

　食肉は家禽・家畜の骨格筋であり，随意筋に属する横紋筋の一種である。すなわち，図表Ⅲ－2の肉漿タンパク質の繊維状タンパク質が主体となる。食肉の保水性が高く，熟成された肉質がハムやベーコン等の食肉加工の際重要である。また繊維状タンパク質は食塩とともにすり潰すとタンパク質が可溶化して水和したエマルジョンの肉糊状になる。この性質はソーセージを作る上で重要である。肉基質タンパク質は，皮や筋などの構成成分であり，ゼラチンや人工ケーシングの原料になる。

図表Ⅲ－2　肉タンパク質の種類

肉漿タンパク質	筋原繊維タンパク質…アクトミオシン，ミオシン，アクチン，トロポミオシン，ヌクレオトロポミオシン
	筋漿タンパク質……ミオゲン，グロブリンX
	（色素タンパク質）……ヘモグロビン，ミオグロビン
肉基質タンパク質………コラーゲン，エラスチン，レチキュリン	

　色素タンパク質のミオグロビンは食肉の色の主成分である。ミオグロビンは酸化されると肉色は褐色になる。そこで食肉の腐敗防止と同時に肉色を淡紅色の安定な状態にするためにミオグロビンを安定にする操作を行う。この操作を肉色の固定といい，肉を塩漬けする時，食塩の他に硝酸塩・亜硝酸塩を使用し，これを発色剤という。その変化を図表Ⅲ－3に示した。

図表Ⅲ－3　酸化窒素の生成機構

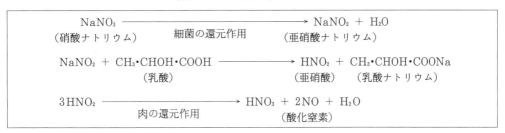

　図表Ⅲ－3の機構から生成するNO（酸化窒素）によりミオグロビンは図表Ⅲ－4のように変化しニトロソミオクロモーゲンの状態で安定になる。しかしながら，亜硝酸は第2級アミンと強酸性下で反応すると発ガン性物質のニトロソアミンを生成することが知られている。今日化学肥料を多量に施肥した野菜類からも硝酸体窒素が高濃度で検出されているので，畜肉加工製品のみの問題ではないが，第2級アミンを多く含む魚介類を同時に食べ合わせることは避けた方がよい。発色剤を使用しない製品も製造されており，従来の製品より色調は劣るものの良い製品であるので利用するとよい。

図表Ⅲ－4　肉色の固定によるミオグロビンの主な変化

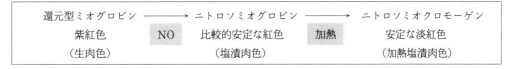

3) 豚肉の分割と名称と用途

　ハムおよびベーコン用の原料肉は豚体の頭部，肩部，胴部，腿部に分布している。頭部の頬肉はジョールベーコンになる。肩部の肉はハムに利用できないことはないが，結合組織が多く含まれ，肉色も赤色が濃いので高級なハム用としては適当でない。胴部の肉は，ロイン部はロースハム，ラックスハムの原料になり，その他は，ベーコンの原料になる。腿部は，そのままで骨付ハムになり，骨抜きすればボンレスハムの原料になる。

　ベーコンの原料肉としては，肉に厚みがあり，しかも厚さが一様で脂肪は白色のもの，また断面の肉と脂肪が交互に3層になっているものがよい。

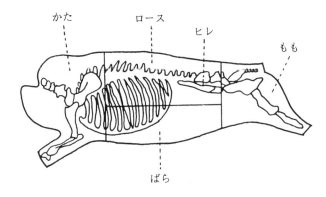

4) 食肉の加工操作

(1) 食肉の塩漬

　食肉を加工する場合，原料肉に食塩，硝酸塩，亜硝酸塩，香辛料，砂糖および調味料などを加えて処理する操作を塩漬という（食塩だけを用いる塩づけと区別してえんせきという）。主な目的は，肉製品の貯蔵性を高めるとともに，肉製品の品質すなわち風味，色沢，保水性，組織などをよくするためである。この方法には大きく分けて次の3通りの方法がある。

① 乾塩法…肉に塩をふりかけておくと肉中の水分が食塩を溶解して次第に肉の内部に侵入するようになる。一般的な割合は肉に対し食塩4～5％，硝石0.2～0.3％，砂糖1～3％，香辛料0.5～1.0％である。塩漬中は2～4℃の冷暗所で空気に触れないように貯蔵する。塩漬の日数は3～4／kgの割合で算出する。（ロースハムのような小肉片は7～10日位，5kg以上の小型ハムは20前後，10kg位の大型ハムは40日前後が目安である。）

② 湿塩法…塩漬液に血絞りの終わった肉片を塩漬液に浸漬する方法である。塩漬液は，水に対し食塩15～20％，硝石0.1～0.5％，亜硝酸塩0.05～0.08％，砂糖2～7％，香辛料0.3～1.0％を用いる。水に亜硝酸塩以外の材料を溶かし煮沸し布で濾過する。これを冷却した後亜硝酸塩を溶解させたものをピックルという。（ピックルにはこのほか肉の保水性を高めるために多リン酸塩を3～4％，発色補助剤としてアスコルビン酸ナトリウム0.3％位を加えることもある。）塩漬タンクに血絞りの終わった肉を，重量の大きい肉塊から皮面を下に順次堆積

する。このタンクに肉重量の1／2量で2～3℃に冷却したピックルを注入し浸漬し，押し蓋と重石で肉塊が浮上しないようにし，2～3℃の冷蔵庫で，肉塊の重量により肉1kg当たり4～5日の割合で塩漬する。

③　塩漬促進法…食肉の塩漬は乾塩法・湿塩法に関わらず肉塊が大きいときには30～40日を要する。したがって大きい肉塊では，塩漬材料が中心部まで浸透するのが遅いために肉の関節の周囲などに細菌類が増殖し肉を酸敗させる，いわゆるサワーハムを生ずる危険が多い。この問題を解決するためいろいろな方法がとられ，塩水注射法（原料肉に1～数百本の注射針を刺し数秒間で塩水の注入を行い，その後肉に機械的な衝撃を与え塩漬液の拡散を促し，従来法で2週間かかるものを，短時間で終了する），脈管注射法，骨腔内貫流法，変圧塩漬法などがある。

(2)　水漬

塩漬の終了した大きな肉片は表面や肉中に過剰の塩分があるので，肉塊を水に漬け，余分な塩分の除去を行い，製品中の塩分濃度を最適にする操作を行う。水漬は肉重量の10倍量で5～10℃の冷水に，肉1kgあたり1～2時間漬けて塩抜きする。

(3)　整形

水漬の終わった肉片は，水切りを行い乾布でよく拭き，ハムやベーコンなどそれぞれに整形する。

(4)　燻煙

燻煙の目的は製品の色つやを良くし風味を付けるとともに，防腐性を向上させることにある。このほか，脂肪の酸化防止，表面の微生物増殖防止，自己消化の促進，肉の軟化などもある。燻煙材料には樫・楢・桜など樹脂の少ない硬木の心材やそのチップ，おがくずを用いる。殺菌効果を示す燻煙成分には，フェノール類，ホルムアルデヒド，酢酸などがある。

燻煙は整形したり腸詰めを行ったものを燻煙室に移し，50～60℃で1～2時間肉の表面をかるく乾燥させる。その後製品の種類に合わせ燻煙を行っていく。燻煙方法は，温度や時間によって次のような種類に分かれる。

①　冷燻法…15～30℃位の煙で1～2週間の長期間燻煙を行う。肉の発色は不十分で乾燥するため重量の減少が多く，現在ではドライソーセージ・スモークサーモンに用いられる。

②　温燻法…30～60℃で燻煙する方法で，骨付きハムは1～3日，ベーコン1～2日，ロースハム1～1.5日位である。

③　熱燻法…80℃付近で燻煙する方法で，温度が高いため，肉の発色が良く，燻煙時間も短くてすむ利点がある。燻煙しはじめは徐々に加熱して所定の温度に達するようにし，肉片の周囲だけが高温に加熱されるのを防ぐ。燻煙時間は，骨付きハムで6～10時間，ベーコンやロースハムは4～6時間位である。

④　焙燻法…95〜120℃で燻煙する特別の方法で，一般のハムやベーコンには用いられていない。

以上の他に燻煙液法，液燻法，電気液燻法などがある。

(5)　湯煮

　湯煮の目的は肉の内部に残存する細菌類を殺し衛生的なものにするためと，製品に適度の固さや弾力を与え，燻煙臭をやわらげ食べやすい製品にするためである。畜肉加工品の中ではボンレスハム，ロースハム，ラックスハム，ドメスチックソーセージの中のスモークドソーセージは一般的に湯煮されている。湯煮は温度管理が重要で，肉の中心部が62〜65℃で30分以上保持する低温殺菌を行う。しかし，湯の温度を75℃以上にして加熱を行うと肉の脂肪が溶出するので，湯温は70〜75℃で中心部の温度が上昇するまで時間をかける。

(6)　冷却

　燻煙あるいは湯煮の終了した製品は，できるだけ速やかに冷却し製品中心部を低い温度に保つようにするため，冷却を行う。ボンレスハム・ロースハム・ベーコンなどは冷蔵庫内に懸吊し，ソーセージなどは冷水中に浸漬して冷却を行う。

<ハム・ベーコンの貯蔵法>

包　　装 ………	市販の包装
湿　　度 ………	70〜80%
貯蔵の温度と期間	−3.3〜−2.2℃　21日間 2.2〜3.3℃　14日間 7.2〜10.0℃　7日間
危険な貯蔵 ………	15.6℃で2日間以上は危険
悪化の徴候 ………	カビ発生，脂肪酸化，収縮，変色など

5)　ハム製造法

①　ロースハム（出来上り量　約1.3kg）

　　原料：豚ロース肉　1.5kg

　　　　　塩漬液　整形後の肉1kgに対し

　　　　　　水………………………500mL
　　　　　　食塩………………… 60g
　　　　　　砂糖………………… 25g
　　　　　　硝酸カリウム………… 3g
　　　　　　亜硝酸ナトリウム……0.2g ※

　　　　　　※　肉色の固定用のための薬品であるので使用しなくても製造可能
　　　　　　　　亜硝酸ナトリウムはその他の塩漬剤をあらかじめ煮溶かし温度が10℃前後に下がったところで加える。極めて有害であるので，使用量を厳守する。
　　　　　　　　また，製品残存亜硝酸塩量は70ppm以下でなければならない。

　　器具：ボウル，包丁，まな板，上皿天秤，薬包紙，さらし布，たこ糸，針金，温度計，計り，燻煙庫，燻煙用の木のチップ

製造工程：

```
          ┌──────────┐
          │ 豚ロース肉 │
          └──────────┘
                │
 ┌──────┐       │
 │ 塩漬剤 │──────▶  整形後の肉を塩漬液に浸漬する。十分に液が肉にいきわたるようにし3±
 └──────┘       │    2℃で肉1kg当り，4〜5日を標準とする。
          ┌────┐
          │塩 漬│
          └────┘
          ┌────┐
          │水 洗│       流水中で約1時間位行う。
          └────┘
          ┌────┐
          │成 型│       肉をさらし布で円筒上に堅く巻き込み両端をきつくしばり，たこ糸で太さ
          └────┘        が一様になるように堅くらせん状に巻き締める。
```

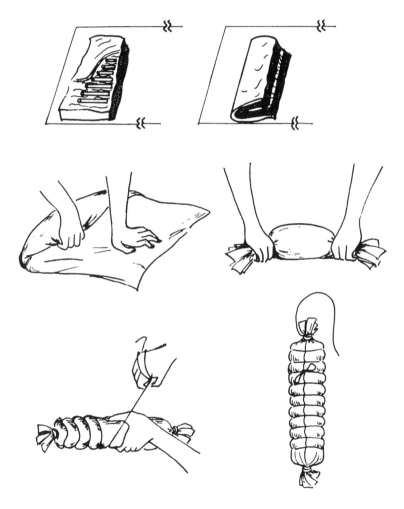

```
          ┌──────────┐
          │ 乾燥およ  │    乾燥：30〜40℃で約2時間行う。（写真②）
          │ び燻煙    │    燻煙：50〜60℃で約4〜6時間行う。
          └──────────┘
```

水 煮	70〜75℃の熱湯中で肉の中心温度が65℃に達してから30分以上行う。（約3時間）

水煮の目的は肉の風味向上，肉色の固定，殺菌にある。

冷 却

水煮後直ちに流水中に投入して少なくとも30分以上放冷する。中心部の温度が20℃以下になったら冷蔵庫へ入れる。

製 品

歩留りは整型後の肉重量の約85％である。

② ベーコン（出来上り量 約0.9kg）

原料：豚脇腹肉1kg（または豚肩ロース肉※）　　　　　　　　※脂身を低減したい時にお勧め

　　　塩漬剤　肉1kgに対し

　　　　食塩……25g
　　　　砂糖……12g
　　　　硝酸カリウム……2g
　　　　亜硝酸ナトリウム……0.3g
　　　　　　　　　　　　　　　　　　}※使用しなくても製造可能

器具：包丁，ボウル，布巾，針金，燻煙用木のチップ（サクラ，ブナ，カシ，ヒッコリーなど）

製造工程：

豚

塩 漬

乾塩法で行う。塩漬剤を肉にまんべんなくすりこみ3±2℃で肉1kg当り5〜6日を標準に行う。（写真①）

水 洗

流水中で1時間／1kg行う。

乾燥・燻煙

＜温燻法＞

水を布でふきとり燻煙室につるす。30℃で2〜5時間乾燥し次に40〜45℃で12〜14時間燻煙する。（加熱殺菌を行うには，燻煙中に燻煙室内の温度を65〜70℃にし，肉に温度計を刺し60℃を越えてから30分間は保持する。）

燻煙の煙の量は好みで加減する。（写真②，③）

冷 却

製 品

写真 ①

写真 ②

写真 ③

2　ソーセージ

1）　製造理論

　ソーセージはドイツを中心としたヨーロッパ地域のものである。もともと，農家では飼育していた豚の飼料が不足する冬に備え，種豚以外を処分して，ハムやベーコンなどの保存品を作り，春までの食料としたのが始まりである。そして，残りの肩肉や背肉をはじめ，内臓や血液までも徹底して利用する工夫から生まれたのが，数百種類を越すソーセージとなった。塩漬した肉を挽いて香辛料で風味をつけた練り肉にし，羊や豚の小腸のケーシングに詰める。これを，煙で燻したり，湯煮したりして貯蔵し，おいしく，無駄なく，貴重なタンパク源を確保したのである。

　ソーセージを系統的に分類すると図表Ⅲ－5のようになる。

　a～eまで各おのおのの特徴がある。この中で良く食べられているのがa．ドメスチックソーセージやb．ドライソーセージ，e．混合製品。c．特殊ソーセージや，d．発酵ソーセージは利用することの少ないソーセージ。特にaは各家庭で一番良く利用する，もっとも一般的なスモークソーセージが含まれるので，製造工程を簡単にまとめると次のようになる。

　＜a．ドメスチックソーセージの作り方＞

　原料肉→筋引き→（塩漬）→肉挽→赤肉と脂肪の混合→細切→ケーシングに充填→結紮を行ったものをフレッシュソーセージといい，ボックヴルストなどがある。加熱してないので保存はできず，食べるときは煮たり焼いたりの調理を行う。このフレッシュソーセージの原料として肝臓・血液・舌・頬肉等を肉に加えて作り，結紮後→水加熱したものをクックドソーセージといい，レバーソーセージ，ブラッドソーセージ，タンソーセージ等がある。フレッシュソーセー

図表Ⅲ－5　ソーセージの種類

区　　　分	特　　　徴	種　　　類
a．ドメスチック　　ソーセージ	水分が多く（60％前後），風味・栄養に重点をおいた，保存性の短いソーセージの総称	フレッシュソーセージ スモークドソーセージ クックドソーセージ
b．ドライソーセージ	乾燥し長期保存を可能にしたソーセージ類	ドライソーセージ セミドライソーセージ
c．特殊ソーセージ	原料肉の50％を越える肝臓を用いた製品	レバーペースト
d．発酵ソーセージ	乳酸菌を原料肉に接種し，発酵させたドライソーセージ，セミドライソーセージ	白カビソーセージ
e．混　合　製　品	原料肉に製品重量の15％以上50％未満の魚肉や鯨肉を加えたもの。でん粉・植物性タンパク，その他の結着材料を製品重量の15％以下添加したもの	混合プレスハム 混合ソーセージ 加圧加熱混合ソーセージ

ジをスモークハウスで燻煙→水加熱したものをスモークソーセージといい，ウィンナー，フランクフルター，ボロニア，リハナソーセージなどがあり，燻煙と加熱の効果により保存性が増加している。

2）ソーセージ製造法

保存料等を一切使用しないので次の点に留意する。

a．原料肉は新鮮なものを選び，筋を取り除く

b．肉挽きから腸詰めの工程は，肉の品温を10℃以下に保ち（原料肉に対し1割の氷塊を使用），清潔な作業場・器具により衛生的に処理する

c．使用する食塩は，精製塩よりも荒塩や天塩を用いることで，味にまるみが加わり発色剤としての効果を付与できる

原料：

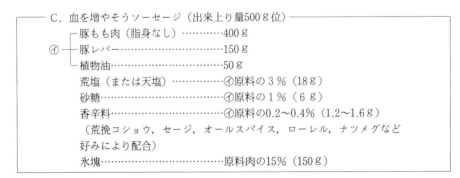

```
── A．豚肉ソーセージ（出来上り量950ｇ位）──────
    豚もも肉（脂身なし）………500ｇ ┐
    豚バラ肉………………………500ｇ ┘ または肩肉1kg
    荒塩（または天塩）………原料肉の3％（30ｇ）
    砂糖……………………………  〃    1％（10ｇ）
    香辛料…………………………  〃    0.2〜0.4％（2〜4ｇ）
    （セージ，ホワイトペッパー，オールスパイス，ローレルなど好みにより配合）
    氷塊………………………原料肉の20％（200ｇ）
```

```
── B．鶏肉＋植物油の健康ソーセージ（出来上り量1kg位）──
      ┌─鶏むね肉（皮なし）………………… 1kg
    ⑦┤
      └─植物油……………………………原料肉の10％（100ｇ）
    荒塩（または天塩）…………………⑦の3％（33ｇ）
    砂糖…………………………………⑦の1％（11ｇ）
    香辛料………………………………⑦の0.2〜0.4％（2.2〜4.4ｇ）
    （セージ，ホワイトペッパー，ローレル，メースなど好みにより配合）
    氷塊…………………………………原料肉の15％（150ｇ）
```

```
── C．血を増やそうソーセージ（出来上り量500ｇ位）──
      ┌─豚もも肉（脂身なし）…………400ｇ
    ⑦┤─豚レバー……………………………150ｇ
      └─植物油………………………………50ｇ
    荒塩（または天塩）………⑦原料の3％（18ｇ）
    砂糖…………………………⑦原料の1％（6ｇ）
    香辛料………………………⑦原料の0.2〜0.4％（1.2〜1.6ｇ）
    （荒挽コショウ，セージ，オールスパイス，ローレル，ナツメグなど
    好みにより配合）
    氷塊………………………原料肉の15％（150ｇ）
```

器具：ボウル，ゴムベラ，肉挽き機，絞り出し袋，円筒型の口金，ケーシング（羊腸で肉1kgに対し約10m必要）（または人工ケーシング，アルミホイル　パラフィン紙，クッキングシート），鍋，温度計

製造工程：

原料肉	原料肉を2～3cm角に細刻する。（BおよびC材料には脂肪分としてサラダ油を加える）
（脂肪）→	
（塩　漬）	原料肉の重さの3％量の塩をまんべんなくすりこんで一昼夜，冷蔵庫で塩漬を行う。この操作により肉の保水性，結着性が向上し歩留りを高め食感になめらかさが増す。
荒　塩 →	
砂　糖 →	荒塩並びに砂糖を肉重量に対し3％および1％量混ぜる。
香辛料 →	香辛料を適宜混合したものを，肉重量に対し0.2～0.4％量加える。
氷 →	さらに，砕いた氷を加える。
肉挽き	フードカッター※を用いて2～3分間ミンチして挽き肉にする。（途中モーターをOFFにして，混ざり合っていない部分をゴムベラで中へ押しこんで，再びONにすると均質な挽き具合となる） （※　フードカッターのない場合はすり鉢で十分にすり混ぜるか，あらかじめ二度挽きした肉を購入する）

ケーシング充填	ケーシングは塩漬になっているので，あらかじめ15分程水に放して塩を抜くと同時に戻しておく。次に絞り袋に円筒型の口金をつけ，戻ったケーシングを奥へ全部たくしこむ。 以上が準備できたら絞り袋に挽き終えた肉を詰め最初，少量絞り出してケーシングの先端を結び，手で太さを調節しながら絞り，徐々に詰めていく。絞り終わりは再度結んでおく。 なお，ケーシングがない場合は，人工ケーシングやあらかじめ油を塗ったアルミホイルかパラフィン紙等に絞り袋から直接絞り出して成形する。これを直接フライパンに入れて弱火でじっくりと火を通す。この場合，塩は控える。
編み込み	ケーシングに詰めた肉を編みこんでいく。

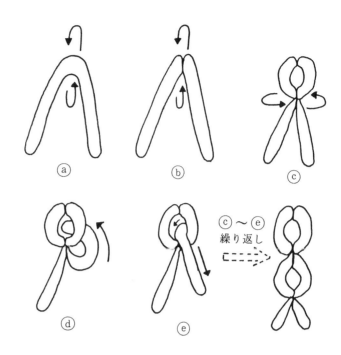

脱気　針のように先の尖ったもので空気穴を刺して脱気をしておく。これをおこ
　　　たると，後で湯煮を行う時にケーシングが破裂する原因となる。

(燻煙)

湯煮　65〜70℃の湯浴で湯煮を行いソーセージ内部が70℃に達してから，30分間
　　　殺菌を行う。（全所要時間45〜50分）

殺菌

冷却　流水中で急冷した後，冷蔵する。賞味期間は製造後３日位までとするが，
　　　大量に作った場合は冷凍しておけば１ヵ月程の保存が可能となる。

製品

《応用ソーセージ》
　肉挽きを終えた原料肉に，次のような材料を適宜細刻して加えると色どりが良く，風味をもったソーセー
ジとなり，オードブルの一品として利用できる。
　イ．パセリ＋ピメント（大さじ１〜２杯）　　　　ニ．シソの葉
　ロ．ロースハム角切＋ピクルス＋玉ねぎ　　　　　ホ．わさび漬
　ハ．冷凍ミックスベジタブル（カップ⅓）　　　　　ヘ．おろしニンニク　etc……

3　ビーフジャーキー

1)　製造理論

　ビーフジャーキーは干し牛肉で乾燥肉製品に分類される。牛肉の赤身を食塩，香辛料などを加えた調味液に浸漬後，低温で乾燥させた保存食で，味が付けてあるのでそのまま食す。元来は米国インデアンの乾燥肉であるペミカン[注1)]を近代的にしたものである。

　他，乾燥肉製品の種類には，乾燥肉やドライソーセージ[注2)]（イタリアンサラミ，ジャーマンサラミ，ハンガリアンサラミ）などがある。乾燥肉は，一般には，脂肪分の少ない肉が用いられ，肉をそのまま乾燥したもので硬く，2〜3時間水に浸けるともとに戻る。乾燥前に，蒸してから乾燥する方法もある。

注1)　北米開拓当時，米国原住民がバイソンの肉を乾燥し，溶かした脂肪とともに細くつき砕き，食用としたものである。一般に乾燥果実などが加えられる。写真は北米原住民の使用したペミカンを作る擂り潰し用の道具である。（左から，脂肪，干し肉，ペミカン，ドライフルーツ）

注2)　食品衛生法では乾燥食肉製品とされ，水分活性0.87未満と規定されている。日本農林規格では水分含量35％以下のものをいい，原料肉，添加物などの種類，量により上級，標準に分けられる。上級は牛肉，豚肉に限られ，サラミソーセージと称することができる。

2)　乾燥肉製造法

ビーフジャーキー　（出来上がり量　約120ｇ）

　　原料：牛肉（もも）………250ｇ
　　　　　調味液 ┌ しょうゆ………大さじ 2 ½
　　　　　　　　 │ 酒……………大さじ 2
　　　　　　　　 │ はちみつ………大さじ 1
　　　　　　　　 └ 粒コショウ……適宜
　　器具：包丁，まな板，バット，ざる（盆ざる），さいばし，オーブン
　　製造工程：

牛肉(生)	ももかたまり肉を準備する。
スライス	なるべく均一な薄切りに調整する。（写真①）
調味液 →	分量の調味液をあわせ，一度煮立たせて荒熱をとり，その中にスライスした肉片を漬けこむ。（写真②）
浸　漬	途中，調味液をかけまわすようにして，30分程度行う。

予備乾燥　調味液の浸透した肉片をざる※にあげ，出来るだけ重なりの無いように ひろげる。（写真③）　余分な調味液を軽く落とし，汁気を切る。
　　※平たい盆ざるなどが適する。

本乾燥　あらかじめオーブンを低温65〜70℃にセットし，3〜4時間を目安に 乾燥を行う。途中，1〜2度ざるの中の肉片の上下を入れ替えるとよい。 乾燥と同時に肉の殺菌を兼ねた工程なので乾燥が終了し，肉の品温が 65℃位になってから最低30分間は保持する。

製　品　粒コショウの程よい辛味と肉の旨みがマッチし，おつまみ，お茶受け などに重宝である。（写真④）

写真 ①

写真 ②

写真 ③

写真 ④

4　サラダチキン（真空調理による鶏ハム）

1)　サラダチキン製造法（出来上り量　約300g）

材料：鶏むね肉…………1枚（300g程度）
　　　水………………鶏むね肉の重量と同量
　　　食　塩…………水の2％
　　　好みの香辛料……適量（こしょう，ローズマリーなど，無くても良い）

器具：ボウル，包丁，まな板，フォーク，真空パック，ムース，真空調理機，中心温度計

製造工程：

鶏むね肉は，観音開きにしてフォークで穴をあける。
※鶏肉は出来るだけ薄くすると火の通りが良くなる。

鶏むね肉と同量の水を量り，2％の食塩水を作る。

鶏むね肉と食塩水を真空パックに入れ，真空包装する。
（香辛料を入れる場合はここで入れる）

真空パックに真空調理用ムース（黒いスポンジ状の気密を保つもの）を貼り，
そこに中心温度計を刺したまま湯煎にかけ，中心温度が65℃30分以上になる
ように加熱を行う。
※湯煎にかける際に，パック同士が触れ合っていると，その箇所が加熱され
　ないため気を付ける。

冷蔵で約5日，冷凍で約1ヵ月保存ができる。
食べるときに袋のまま湯煎で中心温度75℃1分間再加熱する。

IV　水産加工

　魚介類は，魚類・甲殻類・軟体動物・棘皮動物・海藻と幅広い種類があり，わが国の四周囲海であることから，有史以前から利用していた。また，生鮮魚介類は極めて腐敗しやすいため，古くから，さまざまな水産加工品が製造されてきた。現在，製造されている加工品を分類すると，冷凍水産物・乾製品（素干品・煮干品・塩干品・節類・凍乾品・焙乾品）・塩蔵品・燻製品・魚肉練り製品・調味加工品・水産漬物・塩辛・魚醤油・水産缶詰・その他（食用魚粉，濃縮魚肉タンパク質・濃縮エキス・魚油・アルギン酸・カラゲナン）など多岐にわたる。

1　練り製品

1)　製造理論

　魚肉を食塩とともにすりつぶすことによって，魚肉の筋タンパク質の60〜70％を占めている塩水可溶性の筋原繊維タンパク質アクトミオシンが解膠（かいこう），分散して水と強く結びついてペースト状（一般にすり身といわれている）となるが，このすり身に熱を加えると，アクトミオシンの糸の高次構造に変化が起こり，ペプチド鎖がほどけてくる。その程度は加熱温度と時間によって異なるがそのさいにそれまで分子内に内蔵されていた反応基が表面に露出するのでその近くに対応する基があれば結合を生じる。

　このような結合は分子内にも，また分子間にもできると考えられるがそれにつれてアクトミオシンの糸はしだいにその自由度を失なって網目構造をつくり，その網目のなかに水を封じ込めていくので粘稠（ねんちゅう）なすり身が弾性に富んだゲルに変っていくのである。すなわち，次のような網目構造の形成によって“あし”が生成するのであって食塩は単に調味のためではなく，魚肉中の塩溶性タンパク質を溶出し，このタンパク質が水を包み込みながら，網状構造を形成するのにつごうのよい状態を作り出すために使用される。

　すり身の製造過程における水さらしの目的は主に練り製品のあしをおとす原因となる水溶性タンパク質（非ミオシン区タンパク質）や無機塩類を除くことにあるが最近の研究によって非ミオシン区タンパク質中には，高温でタンパク分解活性を示すプロテアーゼが存在することおよびこの非ミオシンタンパク質が加熱変性時にアクトミオシンと結びついて脱水，凝固させるなど網状組織を積極的に阻害する因子であることが明らかにされている。

2)　原料について

(1)　冷凍すり身：冷凍すり身は最近開発された新しい練り製品原料で水さらしした魚肉に糖類・重合燐酸塩など変性防止剤を添加して冷凍したものである。冷凍すり身の原料となるスケトウダラは，肉質が軟弱で鮮度が低下しやすく冷凍しても解凍時にスポンジ化してかまぼこ原料としての適性を失いやすい。一般に魚肉をフィレ，ひき肉，すり身の状態で冷凍貯蔵すると，タンパクの変性を促進するので好ましくない。しかし，落とし身　（魚肉採取機でとった細砕肉）を十分水さらししたのち変性を抑制するため糖類および重合燐酸塩を添加して擂潰したのち冷凍すれば，練り製品原料として使用にたえる冷凍すり身ができる。

市販の冷凍すり身には5〜8％の糖類と0.2％前後の重合燐酸塩を加えた無塩すり身と，10％前後の糖類と2〜2.5％の食塩を加えた加塩すり身とがある。魚種もスケトウダラをはじめ，ワラズカ，ホッケ，グチ，タチウオなど十数種のものが使われる。

冷凍すり身の製造法

(2)　副原料

練り製品の製造には魚肉と食塩とがあれば十分であるが，実際には品質の改善，製造コストの引下げなどの点から種々の副原料が使用されている。副原料には以下のような区分がある。

イ　デンプン，植物性タンパクのように多量に加えて増量および弾力補強の目的で用いるもの

ロ　重合燐酸塩のように少量加えても弾力を増強する効果のある弾力増強剤

ハ　砂糖・うま味調味料などの風味の改良剤

ニ　貯蔵性改善のために用いる防腐剤

なお，弾力増強剤，食用色素，防腐剤等の化学薬品の多くは，食品衛生法でそれぞれの使用法について基準がある。しかしながら，品質管理と優良な原料の使用により，添加物を使用しなくとも良い製品の製造はできるので製品選択の指標にすると良い。

3） 練り製品について

種類と製法の概略

製　　品		加　熱　法	主な産地	備　　考
かまぼこ	蒸しかまぼこ	蒸す	全　国	主に板にもりつける
	焼きかまぼこ	蒸してから表面をあぶり焼き	関　西	
	焼き抜きかまぼこ	あぶり焼き	西日本	
ちくわ	焼きちくわ	あぶり焼き	東　北	串に巻きつけて加熱
			北海道	
	蒸しちくわ	蒸す	九　州	
揚げかまぼこ（さつま揚げ）		油で揚げる	全　国	
魚肉ソーセージ・ハム		ゆでる	全　国	ケーシングに詰める
特殊製品	はんぺん	ゆでる	東　京	ヤマイモを添加
	しんじょ	ゆでる	関　西	
	だて巻き	あぶり焼き	全　国	卵黄を添加
	鳴門巻き	ゆでるまたは蒸す	静　岡	切り口は赤いうず巻き
	包装かまぼこ	ゆでるまたは蒸す	全　国	ケーシングに詰める

(1)　蒸しかまぼこ

すり身10kgに食塩300〜500gを加えてすりつぶし，次にデンプン500〜1500g，砂糖450〜1450g，みりん240mL，卵白21個分を加えてすり上げる。これをかまぼこ板にとって成形し，蒸し煮する。蒸し煮後，色沢をよくするために冷水に浸して10分後に取り出して，製品とする。焼かまぼこは蒸し煮するかわりに炉で焼いたものである。

(2)　ちくわ

すり身4kgにデンプン4kg，食塩800g，みりん30mL，砂糖10gを加えて練り上げ，ちくわ成形機で成形し焼き上げたものである。

(3)　はんぺん

かまぼこと同様に処理し，すり身に約5％のヤマイモをすり入れ，さらに上新粉を加えて成形，湯煮して仕上げたものである。

(4)　さつま揚げ

すり身にニンジンの細切りなどを加え，型に詰めゴマ油で揚げたものである。

(5)　鳴門巻

かまぼこ同様すり身を処理し，平らにのばしその上に赤く着色したりすり身をおいて丸く巻き簀子で包み蒸し煮したものである。

(6)　魚肉ソーセージ

スケトウダラ，マグロなどのすり身をつくり，1kg当たり食塩20〜30gの割合にまぜて肉質をすりつぶしていると粘りが出てくるので，脂肪，グルタミン酸モノナトリウム，砂糖，香辛料，燻液，デンプンなどを加えてすり上げる。これをケーシングに詰め，袋の口

を止め金で密封し，85〜90℃で30〜60分間殺菌後急冷させたものである。

4) 練り製品製造法

① かまぼこ（出来上り量 約600g）

原料：冷凍すり身……1 kg
　　　または魚肉（とび魚，タイ類，あじなど入手できる新鮮なものを用いる)……1 kg
　　　食塩……2 %（20g）
　　　砂糖……2 %（20g）
　　　卵白……3 %（30g）
　　　みりん……4 %（40g）
　　　氷塊……原料すり身の10〜15%（100〜150g）

器具：すりばち，すりこぎ，蒸し器，布巾（フードカッター)，ボウル，ゴムベラ，木杓子

製造工程：

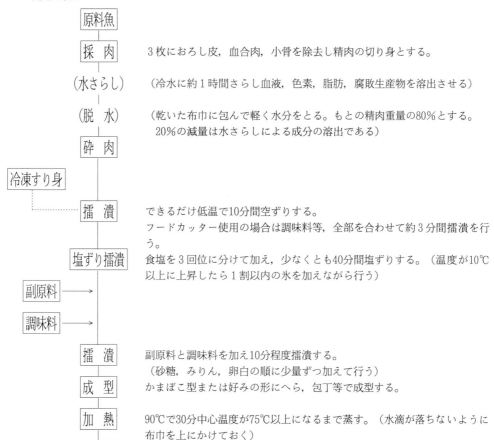

原料魚

採肉　　　3枚におろし皮，血合肉，小骨を除去し精肉の切り身とする。

（水さらし）　（冷水に約1時間さらし血液，色素，脂肪，腐敗生産物を溶出させる）

（脱水）　（乾いた布巾に包んで軽く水分をとる。もとの精肉重量の80%とする。
　　　　　 20%の減量は水さらしによる成分の溶出である）

砕肉

冷凍すり身

擂潰　　　できるだけ低温で10分間空ずりする。
　　　　　フードカッター使用の場合は調味料等，全部を合わせて約3分間擂潰を行う。

塩ずり擂潰　食塩を3回位に分けて加え，少なくとも40分間塩ずりする。（温度が10℃
　　　　　　 以上に上昇したら1割以内の氷を加えながら行う）

副原料 →

調味料 →

擂潰　　　副原料と調味料を加え10分程度擂潰する。
　　　　　（砂糖，みりん，卵白の順に少量ずつ加えて行う）

成型　　　かまぼこ型または好みの形にへら，包丁等で成型する。

加熱　　　90℃で30分中心温度が75℃以上になるまで蒸す。（水滴が落ちないように
　　　　　布巾を上にかけておく）

冷却

製品　　　弾力，歯ごたえ，うま味のあるものがよい。

② さつま揚げ（出来上り量　約600g）

原料：冷凍すり身 ……400g

（または魚肉（とび魚，タイ類，あじなど
入手できる新鮮なものを用いる）……400g）

a {
食塩……2.5%
砂糖…… 3 %
みりん…… 2 %
卵白…… 3 %
デンプン……2.5%
}
天ぷら油……適量（吸油率 7 %）

氷塊…原料すり身の15%
副材料（おすすめ）
・にんじん＋ごぼう…各50g
・玉ねぎ……………中 1 個
・コーン＋枝豆………各50g
その他：ねぎ
グリンピース
コーン
チーズ
戻しきくらげ
} 適宜

器具：フードカッター（すりばち，すりこぎ），さいばし，揚げ鍋，揚げバット

製造工程：

原料魚
↓
採 肉
↓
砕 肉
↓
（冷凍すり身） ----→
擂 潰
↓
塩ずり擂潰
↓
調味擂潰
↓
副材料 ──→
↓
成 型
↓
揚 げ
↓
通風冷却
↓
製 品

写真 ①

写真 ②

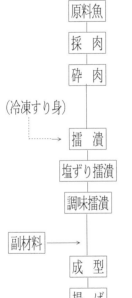

フードカッター使用の場合：調味料aと氷塊を合わせて約 3 〜 5 分擂潰する。　　　　（写真①）

すり鉢使用の場合：氷塊を加え空ずりを10分間行う。

食塩を加えて30分塩ずりする。（写真②）

砂糖，デンプン，みりん，卵白の順に加え十分擂潰する。

好みの副材料を混合する。

手に軽くサラダ油をなじませながら好みの大きさに成型する。（写真③④）

2 度揚げする。
（写真⑤⑥）
{
1 回目　120〜140℃（色をつけずに浮くまで揚げる）
2 回目　160〜200℃（きつね色になるまで揚げる）
}

写真 ③　　　　写真 ④　　　　写真 ⑤　　　　写真 ⑥

2 味付缶詰

1) 製造理論

容器に食品を詰め，容器内の空気を排除（脱気）して密封し，加熱によって容器内の細菌を死滅させ，食品の保存を可能にしたものが，缶詰である。すなわち脱気，密封，殺菌の3つが製造法の原理である。

2) 缶について

現在多く用いられているのは，円筒形二重巻締缶で，缶胴，蓋，および底の3部からできている。缶胴に蓋および底を密着させるのは，二重巻締の方法によっているので，ハンダやハンダ付用の溶剤が缶内に侵入するおそれもなく極めて衛生的で一般にサニタリー缶とよんでいる。この他耐酸塗料をぬったラッカー缶などもある。

主な缶の規格と名称は次のようである。

名　　称	直径mm	高さmm	容積mℓ	名　　称	直径mm	高さmm	容積mℓ
1 号 缶	156.0	168.0	2,978.4	7 号 缶	68.0	101.5	316.9
2 号 缶	101.5	121.0	876.3	8 号 缶	68.0	53.0	156.0
3 号 缶	86.5	113.5	588.7	平 1 号缶	101.5	68.0	472.5
4 号 缶	77.0	113.5	462.3	平 2 号缶	86.5	53.0	257.4
5 号 缶	77.0	82.0	362.3	果実 4 号	1,009.6	74.1	410.7
6 号 缶	77.0	60.5	234.4	果実 7 号	81.3	65.4	249.3

缶マーク

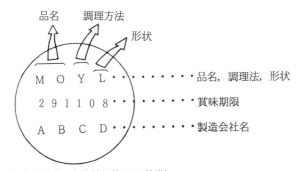

	品名	調理方法	形状
M O Y L ・・・・・・・			品名，調理法，形状
2 9 1 1 0 8 ・・・・			賞味期限
A B C D ・・・・・・・			製造会社名

表示事項（日本農林規格JAS基準）
- ① 品名
- ② 形状
- ③ 内容物の大小
- ④ 原材料名
- ⑤ 内容量（固形量，内容総量）
- ⑥ 賞味期限
- ⑦ 使用上の注意
- ⑧ 原産国名（輸入品）
- ⑨ 製造者または販売者の住所・氏名

主な品名マーク

図表Ⅳ-1　原料の種類

〔水産缶詰〕		うなぎ	EL	さくらんぼ（赤）	CR	トマト	TM
たらばがに	JC	こい	RP	〃　　　　（白）	CW	〔畜肉缶詰〕	
はなさきがに	HC	あゆ	AU	ぶどう（マスカット）	GU	牛肉	BF
ずわいがに	SC	えび	PN	〃（ネオマスカット）	GR	馬肉	HF
毛がに	KC	あわび	AB	フルーツみつ豆	RM	馬肉混合	HB
さけ	CS	ほたて貝柱	LS	フルーツサラダ	RX	鶏肉	CK
ます	PS	平貝貝柱	LR	パイナップル	OR	豚肉	PK
べにざけ	RS	ほっき貝	HO	ミックスドフルーツ		〔調理食缶詰ほか〕	
ぎんざけ	SS	あさり	BC	（柑橘類）	OM	ソーセージ	SG
まぐろ	BT	赤貝	BL	（それ以外）	RW	ハム	HA
びんながまぐろ	AC	はまぐり	WL	くり	CP	ビーフカレー	7B
きはだまぐろ	YN	かき	OY	〔野菜缶詰〕		チキンカレー	7C
めばちまぐろ	BE	さざえ	WR	たけのこ	BS	その他のカレー	7A
かつお	SJ	〔果実缶詰〕		ふき	BR	コンビーフ	CB
さば	MK	みかん	MO	アスパラガス(ホワイト)	AW	ニューコンビーフ	CF
いわし	SA	夏みかん	OS	〃（ペールチップド）	AP	のり佃煮	IA
うるめいわし	SE	もも（白）	PW	〃（グリーンチップド）	AR	福神漬	KZ
さんま	MP	〃　（黄）	PY	グリーンピース	PR	ゆであずき	YA
あじ	HM	びわ	LT	〃（乾燥もどし）	PM	おたふく豆	TF
ぶり	YT	りんご	AL	スイートコーン		黒豆	KL
くじら（須の子）	WH	あんず	AO	〃　　　（黄）	CM	赤飯	IR
〃（赤肉）	WP	いちじく	CA	〃　　　（白）	CM	肉飯	IB
いか	CH	洋なし（バートレット）	BP	まつたけ	MT		
たこ	OC	〃（ラフランス）	LP	なめこ	MO		
いいだこ	PO	和なし	JP	マッシュルーム	MS		

　これらの製品は原料の種類，調理方法，原料の大小・形を区別してあらわす必要がないのでここに示した2字だけで品名をあらわす。

図表Ⅳ-2　調理方法と形・大小

〔水産缶詰〕		（全糖）	Y	〔水産缶詰〕		（〃）スライス	：
水煮	N	（併用）	Z	（かに）大きさ LMST		（りんご）	
味つけ	C	（固形詰）	D	（いわし、さんま、あ		パインスタイル	R
塩水漬	L	〔野菜缶詰〕		じ）大きさ　GLMS		〔野菜缶詰〕	
トマト漬	T	水煮	W	（さけ）くび肉	T	（たけのこ）二つ割	H
油漬		味つけ	C	（〃）　　雑肉	M	（アスパラガス）	
（オリーブ油）	O	〔果汁缶詰〕		（かに、まぐろ）フ	〃	カット	・
（コットン油）	I	ジュース	JU	レーク		（〃）頭なしカット	：
（燻製）	S	〔ジャム〕		（さば）フィレーク	F	（〃）ピーセス	
かばやき	K	ジャム	JM	〔果実缶詰〕		（マッシュルーム）	
くしざし	CK	〔畜肉缶詰〕		（一般果実）大きさ		スライス	：
〔果実缶詰〕		水煮	W		LMS	（〃）ピーセス・アンド	
シロップ漬		味つけ	C	（〃）四つ割	T	ステムス	・
						（スイートコーン）	
						クリームスタイル	H

3) 缶詰の製造

缶詰は一般に次のような工程で製造される。

原料 ─ 調理 ─ 肉詰 ─ 注液 ─ 脱気 ─ 密封 ─ 殺菌 ─ 冷却 ─ 製品

(1) 缶詰原料

　　缶詰を製造する場合には，原料の品質特に水産原料においてはその鮮度，農産原料においては加工用の適品種で適正熟度ということが重要である。

(2) 調　理

　　魚類における頭部，皮，骨，内臓および血液など，また果実，そ菜では皮，種子，芯部などの不可食部を除去することや，原料を湯煮または蒸煮する工程である。

　　魚介類は煮熟によってタンパク質が凝固し，脱水をともなって肉質は固くなりたとえば肉詰が容易となるし，果実，そ菜では，その加熱処理（ブランチング）によって酸化酵素を不活性化して製造工程中の香味，色沢および栄養価値の劣変を防止できる。また組織中に含まれている空気も除去されるなどの利点を生ずる。

(3) 肉詰・注液

　　調理された原料は規格による内容量の基準にしたがってこれを空缶に詰め（肉詰）調味液（食塩水，砂糖シロップ，醤油，サラダ油，トマトピューレなど）が注入される。

(4) 脱　気

　① 脱気の目的

　・殺菌加熱中，缶内の空気の膨張により起こる缶のゆがみや破損を防ぐ

　・缶材の酸化腐食を防ぐ

　・内容物の酸化による変質を防ぐ

　・好気性微生物の繁殖を防止する

　・スプリンガーまたはフリッパー現象を防ぐ

　　この現象は低脱気，内容物の詰めすぎ，水素膨張などによって起こる。

図表Ⅳ-3　スプリンガー並びにフリッパーの状態

② 脱気の方法

・密封前に食品を加熱する方法 $\begin{cases} a \text{缶に詰める前に内容物を加熱する} \\ b \text{缶に詰めた後に内容物を加熱する} \end{cases}$

・機械的真空下に缶を密封する方法

・密封直前に缶のヘッド・スペースに直接蒸気を噴射し，空気と置換する方法

⑸ 密封

　密封により缶内外の空気の流通を防止するとともに外部から缶内に微生物の浸入を不可能にし，加熱によって缶内に存在する変敗微生物を死滅させる。したがって缶の密封は加熱，殺菌とともに，缶詰製造上もっとも重要な工程である。密封方法としては，現在ほとんどの食缶に用いられているのは，二重巻締である。

図表IV－4　巻締機による缶の密封

第一巻締　　　　　　第二巻締

⑹ 殺菌

　　イ　殺菌の目的　　有害微生物を殺すか，または全く活動できないようにし，内容物の変敗を防ぐ。

　　　　　　　　　　　内容物の組成，風味，外観などをよくし，利用価値を高める。

　　ロ　殺菌方法　　　レトルトによる場合……100℃以上の殺菌温度を必要とする場合に行う。

　　　　　　　　　　　熱湯による場合……72～100℃で十分のもの。

　　ハ　加熱殺菌に関係するおもな因子

　　　　　　内容物に付いている微生物は種類によって熱に対する強弱がある。一般に生活細胞は70～80℃で短時間で死ぬが胞子は耐熱性が強く青カビの胞子などのように120～130℃でようやく死ぬものもある。

　　　　　　酸味を持った原料は一般に殺菌が容易である。

　　　　　　容器は動揺させると殺菌時間が早くなる。

図表Ⅳ-5　缶詰食品の缶内状態と熱の浸透

対流加熱　　　　　対流及び　　　　　　伝導加熱
　　　　　　　　　伝導加熱

アップルジュース　ピース塩水漬　クリームスタイル　ホウレン草　肉・魚肉
　　　　　　　　　　　　　　　コーン　　　　　　カボチャ

図表Ⅳ-6　各種缶詰の固型量と殺菌条件

品　名	種　類 (カッコ中は糖の%)	缶　型	固型量 (g)	殺　菌	
				温度(℃)	時間(分)
サクランボ	シロップ漬(18)	4号	250	90.0〜95.0	7〜20
モモ（白桃）	〃　(19)	〃	250	95.0〜100.0	18〜50
タケノコ	水　煮	〃	240	101.8〜108.4	35〜60
アスパラガス	〃	〃	300	118.4〜115.8	26〜40
マッシュルーム	〃	マッシュルーム3号	227	111.3	80
福　神　漬	——	4号	340	100.0〜104.5	11〜23
		6号	170	95.0〜104.5	7〜25
ゆであずき	——	6号	235	111.3〜115.2	60〜90
イ　ワ　シ	味　付	4号	340	115.2	60〜90
ア　ジ	〃	だ円　3号	165	114.0	90
		平　　2号	175	114.0	90

4)　味付缶詰製造法

①　さばの味付け缶詰（出来上り量　6号缶10缶分）

原料：さば……3kg
　　　20%食塩水……2L
　　　醤油……9%（270g）
　　　砂糖……8%（240g）
　　　水……13%（390mL）
　　　生姜（薄切り）……1缶当り3枚
器具：ボウル，包丁，まな板，ざる，圧力鍋，蒸し器，蒸し板，6号缶※，巻締め機
　　※　JAS規格　6号缶　固型量　165g以上
　　　　　　　　　　　　　　内容総量210g

製造工程：

原料魚

水　洗

調　整　　　頭，尾部，内臓の除去を行う。

切　断　　　6号缶の高さより5㎜短い長さに切断する。（約5cm）

水　洗　　　再度血液，汚れ等を洗い流す。

食塩水浸漬　20％食塩水2L中に調整魚を入れ20〜30分間漬け時々撹拌しながら血抜き
　　　　　　と食塩の浸透をはかる。

水切り　　　よく水を切り汚物を除く。

肉　詰　　　魚を秤量（6号缶……1缶につき180g以上）し，肉詰めする。
　　　　　　詰め方例

蒸　煮　　　100℃30分間蒸し器で加熱する。肉の煮熟と脱水をかねて行う。

脱　汁　　　肉のタンパク質が凝固し，水分が分離するので缶内の汁を捨てる。

調味液の注入　→　　あらかじめ砂糖を煮溶かし，加熱した調味液を缶のふちまでいっぱいに注
〔1缶当りの　　　入する。
注入量は40
〜60mL〕

脱　気　　　缶に蓋をのせ蒸し器に入れ95〜100℃で20分間脱気する。

巻　締　　　缶の熱いうちに速やかに巻締める。

殺　菌　　　缶の汚れを洗って蒸し板を入れた圧力鍋に入れ，水を鍋の7分目加え，60
　　　　　　分殺菌を行う。鍋に缶が直接ふれないようにする。

冷　却　　　加熱が終了した缶は直ちに流水中で十分冷却する。

製　品

② 惣菜味付け缶詰（6号缶1缶当り）

原料：

A
- こんにゃく……60 g
- 牛すね肉………35 g
- えのきだけ……10 g
- ごぼう…………20 g
- たけのこ………20 g

下煮汁 600 mL：1％出し汁（かつお節6 g）＋1％食塩（6 g）

調味液B：6号缶1缶当り

B
- 3％混合出し汁（かつお節1.2 g・昆布0.6 g）…60 mL
- 食塩……………0.6 g
- 醤油……………2 mL（食塩と醤油で液量に対し1.5％塩分）
- 砂糖……………5.5 g
- みりん…………2 mL（砂糖とみりんで液量に対し10％糖分）

たかのつめ……輪切り3ケ

器具：包丁，まな板，ボウル，さいばし，ざる，秤り，温度計，蒸し器，巻締め機，圧力鍋

6号缶
- 固型量　165 g以上
- 内容総量　210 g

製造工程：

原料A

調整　原料Aを缶の中に詰めやすい形に，適宜包丁でカットする。（缶内に隙間なく詰めるため，乱切りは避け，食べやすい形に調整する。）

下煮液調整　水1に対し1％のかつお節を計り，だしをとる。かつお節を漉してから，1％の食塩を入れて下煮液を調整する。

下煮加熱　調整の済んだ原料Aを下煮液で下煮する。沸騰してくると，すね肉や野菜からアクが浮いてくるので，アクをすくいとり，味がしみこみやすいように2〜3分加熱処理する。（写真①）

下煮材料肉詰　下煮が終わったらざるに取り水分を除去する。6号缶の中に，材料が出来るだけ偏らないように，隙間なく詰めていき，固型量として165 g以上入るように，計量しながら肉詰めしていく。（写真②）

調味液B調整　水に対し3％の混合だしとなるように，かつお節2％・昆布1％量を計る。分量の水に昆布を加え，沸騰したら昆布を取り出し，次にかつお節を入れて，火を消してかつお節が沈んだら，かつお節を漉して3％の混合だしとする。食塩，醤油，砂糖，みりんを3％の出し汁に加えて溶解する。

調味液注入

［1缶当り
50 mL程度］

下煮材料を詰めた6号缶の中に，調味液を缶のふちまで注入する。（このとき内容総量として210 gくらいを目安とする。）

脱気　蒸気の上がった蒸し器に缶を入れ，蓋をのせて95〜100℃で20分間脱気を行う。（1缶だけ温度計をさして温度をさして温度を観察する。）（写真③）

116

| 巻 締 | 缶の熱いうちに速やかに巻締め機で巻締める。（写真④）

| 殺 菌 | 缶の外側の汚れを洗って，蒸し板を入れた圧力鍋に入れ，水を鍋の7分目まで加え，60分間加熱殺菌を行う。破裂防止のため，鍋に缶が直接触れないように注意する。（オートクレーブがある場合はカゴに入れて120℃60分間の殺菌を行っても良い。）

| 冷 却 | 加熱が終了した缶は，流水中で十分冷却する。

| 製 品 | 缶内で調味液が材料と平衡状態となり，味がしみるまでしばらくそのまま置く。食べ頃は製造後1ヵ月以降を目安とする。

写真 ①

写真 ②

写真 ③

写真 ④

3　かつお製品

1)　製造理論

①　かつおなまり節

かつおをおろして身割りし節にする。節を煮籠に並べ，煮釜で70〜95℃・1時間前後加熱後，煮籠ごと水中に浸け水切り，20〜30分焙乾した製品で，水分39％，タンパク質55％程含む。かつお節製造工程の中途製品であるから保存性はない。

②　かつお角煮

佃煮は，魚介類を調味液で十分に煮熟して保存性を付与した製品である。調味の仕方で，醤油が中心の味つけである時雨煮，甘味料として水飴を多量に使用する飴煮，甘味料を多く使用して甘口とした甘露煮，従来のやや鹹口の佃煮といろいろある。煮つめ方法には，煎付法（水洗→水切→調味煮熟→冷却）・煮詰法（水洗→水切→調味煮熟30〜40分→冷却）・浮し煮法（水洗→予備漬け→煮熟→まぶし→冷却）の3法あり，原料の性質により使い分ける。

2)　製造法

①　かつおなまり節（出来上り量　約1kg）

原料：かつお……1尾（約3kg）（廃棄率約40％）
　　　2％食塩水……2L
器具：鍋，ざる，包丁，まな板
製造工程：

かつお	旬の時期の新鮮なものを選ぶ。（写真①）
水　洗	
切　断	胸びれの下から包丁を入れて腹肉を切りとり内臓を除く。尾を握り腹部を下に向けて，尾から頭に向けて肉と皮の間に包丁を入れ，背びれを皮と一緒にはぎとる。次に肛門から腹びれにそってその左右に包丁を入れる。尾の付根から背骨にそって包丁を入れ3枚におろす。身をおろした肉はさらに背肉と腹肉とに切断する。
煮　熟	目のあらいざるに皮のついている面を下に向けて肉を並べる。ざるがそっくり入る大きさの煮がまに2％食塩水をあらかじめ約85℃に加熱しておく。ざるごと肉をかまに入れ，火力を強くして90〜95℃で煮熟する。身割れを防ぐため沸とうさせてはいけない。煮熟時間は，3.5〜4kgの大形カツオの場合で60〜80分，2.5〜3kgの中形カツオで40〜50分である。
冷　却	ざるのまま風通しのよいところに並べて放冷する。手や包丁で皮，小骨を除去し，きれいに形を整える。（写真②）
整　形	（写真③）
製　品	※放冷後ざるに入れたままナラなどの堅い木の蒔きをいぶし燃やしをし，その煙の上で85℃1時間乾燥すると風味がよくなり保存性も向上する。

写真 ①　　　　　　　写真 ②　　　　　　　写真 ③

②　かつおの角煮（出来上り量　約 1 kg）

原料：かつおなまり節……1 kg

調味液 ｛しょうが……2 ％（20g）
醤油……30％（300mL）
砂糖……12％（120g）
水飴……10％（100g）
寒天……0.1％（ 1 g）

器具：鍋，包丁，まな板

製造工程：

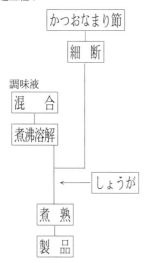

かつおなまり節

細　断　　　　　　　　なまり節を10〜15mm角に切る。

調味液
混　合

煮沸溶解

←　しょうが　　　　しょうがは細かい千切りにする。

煮　熟　　　　　　　約 1 時間煮込む。煮熟中は肉片の形がくずれないように
注意する。

製　品

4　塩　辛

1）製造理論

塩辛は，水産動物の筋肉や内臓などに多量の塩を加えて腐敗を防ぎながら，自然に自己消化の作用で熟成させたものである。

塩辛の熟成は原料中に含まれる各種の消化酵素類とくに，タンパク質分解酵素の作用によるものが主であるが熟成後期にはかなり細菌による作用も加わる。熟成には，食塩濃度，pH，原料などが影響する。

　種類　白づくり……イカの表皮をはいだ筋肉にごく少量の肝臓を加えて作る

　　　　赤づくり……イカ筋肉と肝臓

　　　　黒づくり……イカ筋肉と肝臓と墨袋

2）イカの塩辛製造法（出来上り量　約600 g ）

　原料：イカ……2尾

　　　　　※鮮度のよい紫赤色で艶のあるもの

　　　　荒塩……原料イカの12%

　　　　肝臓……イカ筋肉の15%

　器具：ボウル，包丁，まな板※，計り，保存びん

　　　　　※まな板はぬらしてから使うこと，乾いたままでは臭いを吸収してしまう。また，使い終わったら少量の食塩をすりこんで洗浄する。

　製造工程：

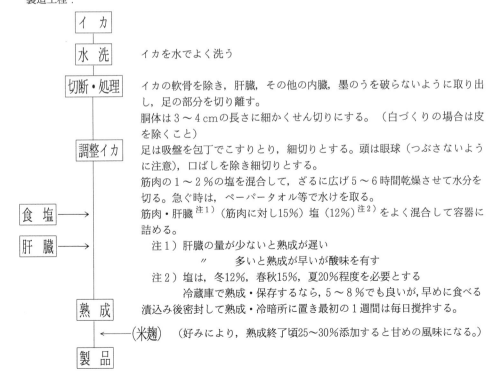

イカ

水洗 — イカを水でよく洗う

切断・処理 — イカの軟骨を除き，肝臓，その他の内臓，墨のうを破らないように取り出し，足の部分を切り離す。

胴体は3～4 cmの長さに細かくせん切りにする。（白づくりの場合は皮を除くこと）

調整イカ — 足は吸盤を包丁でこすりとり，細切りとする。頭は眼球（つぶさないように注意），口ばしを除き細切りとする。

筋肉の1～2%の塩を混合して，ざるに広げ5～6時間乾燥させて水分を切る。急ぐ時は，ペーパータオル等で水けを取る。

食塩 → 筋肉・肝臓[注1]（筋肉に対し15%）塩（12%）[注2]をよく混合して容器に詰める。

肝臓 →

　　注1）肝臓の量が少ないと熟成が遅い

　　　　〃　　　多いと熟成が早いが酸味を有す

　　注2）塩は，冬12%，春秋15%，夏20%程度を必要とする

　　　　　冷蔵庫で熟成・保存するなら，5～8%でも良いが，早めに食べる

熟成 — 漬込み後密封して熟成・冷暗所に置き最初の1週間は毎日撹拌する。

← **（米麹）**　（好みにより，熟成終了頃25～30%添加すると甘めの風味になる。）

製品

5　ふりかけ

1）製造理論

　一般に，食品は多量の水分を含んでいる。その水分を適量除去していくと，微生物や酵素による腐敗や変質を中心とした食品の劣化を防止する。また，水分の除去は重量を減少させるので，輸送性の向上や保存スペースの節約にも役立つ。乾燥食品はそのまま食べれるものや，水やお湯で戻して，または溶解したりしてすぐ食べられるので食生活の簡便性を付与する。また何よりも貴重な食料の有効利用につながるものなので，多くの食品が乾燥食品に加工され利用されてきた。図表Ⅳ－7に主な乾燥食品を挙げる。

　食品の乾燥方法にはさまざまな方法がある。例えば，自然を利用した天日干し，かげ干しや凍結・脱水乾燥，機械を使用した，熱風乾燥，マイクロ波乾燥や真空凍結乾燥などがあり食品と用途により乾燥法が工夫されている。食品の乾燥状態と貯蔵の目安を図表Ⅳ－8に示す。水分活性（Aw）で0.65～0.90のものは中間水分食品に区分され，Aw 0.65以下を乾燥食品としている。

図表Ⅳ－7　素材から分類した主な乾燥食品

```
a. 果      実……レーズン，干柿，プルーン，リンゴ，アンズ，モモ
b. 野      菜……かんぴょう，切り干し大根，干しシイタケ，トウガラシ，ニンニク，ネギ，パセ
                 リ，干しイモ，ポテト（マッシュポテト）
c. 茶      類……紅茶，緑茶，中国茶，麦茶，コーヒー，ココア
d. め  ん  類……即席めん，乾めん，マカロニ類，はるさめ，ビーフン
e. 乳  製  品……全脂粉乳，脱脂粉乳，調整粉乳，粉末クリーム，ホエー粉末，バターミルク粉末，
                 アイスクリームミックスパウダー，粉末チーズ
f. 水 産 物 類……素干品（するめ，身欠きニシン，ごまめ，ワカメ，コンブ，キクラゲ）
                 塩干品（アジ，サンマ，イワシ，タラ）
                 煮干品（カタクチイワシ，貝柱，アワビ，ナマコ）
                 焼干品（ハゼ，フナ，ワカサギ，アユ）
                 くん製品（ニシン，タラ，カレイ，ウナギ，サバ，サンマ，イワシ）
                 節類（カツオ，イワシ，サバ）
                 調味干製品（みりん干し（イワシ・サンマ），のしイカ，さきタラ）
g. 肉      類……ドライドビーフ，スモークドビーフ，ビーフジャーキー，ハム，ベーコン，ドラ
                 イソーセージ
h. スナック類……米菓，ビスケット類，ポップコーン，コーンカール，ポテトチップ，コーンフレー
                 クス
i. そ  の  他……パン粉，小麦粉，ゼラチン，ペクチン，寒天，卵，大豆蛋白，片栗粉，コーンス
                 ターチ，粉末スープ，凍り豆腐，プレミックス，粉末飲料，香辛料，砂糖類
```

図表Ⅳ-8　各種の乾燥食品別水分活性（Aw）と貯蔵条件

水分活性（Aw）	食品名	貯蔵法	同程度の水分活性に必要な食塩・砂糖の濃度
1.00～0.95	低塩ベーコン	冷蔵（5～10℃）	食塩　0～8%　含有 砂糖　0～44%　〃
0.95～0.90	高水分干しプラム 生ハム，ベーコン， ドライソーセージ	冷蔵（5～10℃） 〃 〃	食塩　8～14%　〃 砂糖　44～59%〃
0.90～0.80	サラミ，果実皮， カステラ，干魚	常温（20～25℃） 〃	食塩　14～19%　〃 砂糖　59～飽和%　〃
0.80～0.70	干しイチジク	常温，1ヶ月保存可	食塩　19～飽和%　〃
0.70～0.60	パルメザンチーズ， 乾燥果実	常温，5ヶ月保存可 〃	
0.60～0.50	菓子，ヌードル		
0.4	乾燥卵，ココア		
0.3	乾燥ポテトフレーク ポテトチップス， クラッカー ケーキミックス	常温（湿気の少ない温度の低い所） 2年間保存可 （未開封の場合）	
0.2	粉乳，乾燥野菜， クルミ，乾燥めん類		

2）ふりかけ製造法（出来上り量　約180g）

原料：けずり節（乾燥重量として）

　　　（鰹節・鯖節）……120g　　桜エビ……5g　　　　（その他の材料として）

　　　調味料　　　　　　　　じゃこ(小女子)……13g　　青ジソ粉 ⎫
　　　　しょう油……60mL　　とろろ昆布……13g　　梅干粉　　｜
　　　　酒……20mL　　　　　青のり……3g　　　　塩昆布粉　｜
　　　　水……20mL　　　　　白ごま……30g　　　　わさび粉 ⎭
　　　　砂糖……8g　　　　　　パセリ……1.5g　　　等を適量添加しても良い。

器具：ざる，電子レンジ，鍋，計量スプーン，計り，さいばし，ボウル，布巾，ビニール袋

製造工程：

原料	原料のうち，けずり節，桜エビ，じゃこ，とろろ昆布（焦げやすいのでよくほぐしておく），パセリ（みじん切り）は，レンジ内の皿にクッキングシートを敷いて，電子レンジにて別々に乾燥を行う。
乾燥	電子レンジでの乾燥は，機種や量※によって異なるので，状態を時々確認する。
粉砕	けずり節はビニール袋に入れ，手でもんで細かい粉にし，鍋に調味料を入れて火にかけ，けずり粉を入れる。
調味料→炒りつけ	さいばし4～5本もち，かきたてながら中火で約10分炒りつける。最初はべとべとしているが，次第にサラサラの状態になるので，焦がさないように注意し十分行う。（写真①）
放冷	直ぐに別のボウル等にうつして冷ましておく。
調整原料→混合	桜エビは大きい場合は細刻し，白ごまは切りごまとし，とろろ昆布はビニール袋の中で粉砕し，乾燥じゃこ・パセリ末・青のりをけずり粉に混合する。（写真②）

製品 （写真③）

※乾燥の目安（今回の使用量における）は電子レンジ600W[※]の熱源で

鰹節：1分40秒　　桜エビ：15〜20秒　　とろろ昆布：40秒

鯖節：1分40秒　　じゃこ：30〜40秒　　生パセリ　：4分　程度である。

※700〜1000Wの熱源の場合は上記よりも短時間に設定

写真 ①

写真 ②

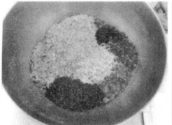

写真 ③

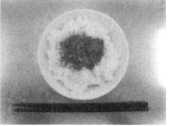

6　めんつゆ

1）製造理論

　めんつゆはめん類を食べるときだけでなく，毎日の家庭料理で使える便利な調味料としてさまざまなメニューに利用されている。めんつゆは醤油，味醂，砂糖，鰹だしから作られており，各メーカーでそれぞれ塩味，甘味，旨味の組合せに特徴がある。

(1)　"つゆ" と "たれ" について

　一般的には，つゆは吸物の "しる" や煮物の "しる" あるいはそばやうどんにつける "しる" をさしている。京阪地方ではすまし汁，みそ汁を総称して "つゆ" と呼んでいる。そばやうどんにつけるしるをそばつゆ，うどんつゆというが，こういう言い方は，例えば，「薬味をツユの中へ入れて」などというように使われている。これに対し，蒲焼きや焼き鳥・てり焼きなどに使う汁などの煮焼きに用いる調味汁を "たれ" という。つゆとたれは混同して呼ばれることもあり，似た用途に用いられることが多いが，一般的には味の濃さや粘度などによって，味がうすく，粘度が少ないものをつゆ，味が濃く粘度が比較的高いものをたれと呼んでいる。

(2)　めんつゆについて

　めんつゆというときはうどんつゆ，そばつゆ，そうめんつゆを含み，中華そば用つゆを除く。穀物粉の加工品であるうどんやそばは，すでに奈良時代（8世紀）にその原型が大陸から伝えられた。今日のような形態のめんとしての普及が始まったのは室町時代のようで，そうめんもうどんの変形として，この時代の記述に見られる。また，現在のつゆの主成分である醤油も同じ室町時代に製造が始まったとされている。しかし，乾めんとしてのそうめん，醤油などが工業生産され商業的に流通し，一般庶民の食膳に現在のようなつゆが供されるようになったのは江戸時代である。

　さらに，つゆが包装加工食品として市場に出たのは，第二次大戦後しばらくしてからである。現在では，地域，好み，用法などの購買要求に応じて多くの品種が販売されている。工業的に製造されるつゆ類のうち，歴史的にも市場規模的にも最も重要なものはめんつゆである。めんつゆは元来各家庭で作られ，消費されてきたもので，そば店，うどん店が営業されるようになっても基本は自家製造，自家消費であった。一方，工業的，商業的な麺つゆの製造は昭和33年頃から始まり，醤油をベースとした調味料としてはかなり歴史を有する加工調味料のひとつといえる。

　めんつゆの種類別市場を見ると，めんつゆは大きく分けてつけ汁（そうめん，ざるそば等）用とかけ汁（にうめん，きつねうどん等）とに分けられる。市場では一般につけ汁用のめんつゆが多く市販され，これらは多くの場合かけ汁にも使用できる。業界動向は，つけ汁，かけ汁の別は無関係に，主とした使用方法（多くはつけ汁）によって分類されている。すなわち，そ

のまま使うものをストレートつゆ，2倍に水で希釈して使用するものを2倍濃縮つゆ，3〜5倍以上に希釈して使用するものを高濃縮つゆと呼んで分類している。

　(3)　主原料の役割と主な工程

主原料の役割：

①　醤油：塩味，風味，色が主体であり，減塩対応，好みや希釈効果，伝統的淡色食品（さぬきうどんなど）対応などより選択される。（原料を吟味して製造した良い醤油は香りがすばらしものがある。）

②　だし用原料：かつお節またはこんぶ（主として関西）であり，うま味成分が主たる役割だが，風味（とくにかつお節）も大切な要素である。また，かつおの代わりにむろたかつおやむろあじの節もこくの面で有用で，営業用や加工には貴重な原料であり，煮干しも質によっては有用である。（やはりなんといってもカビ付けをした鰹節が香り，味ともすばらしく，特に削りたてが最高である。また，昆布は羅臼昆布が肉厚でよいだしをとることができる。昆布一つとっても，種類で味が異なる。）

③　味醂：甘味が主であるが，発酵製品特有の複雑な成分が隠し味として機能するとともに不快臭をマスキングする作用もある。（飲用できるぐらいおいしいほん味醂がおすすめである。）

④　天然調味料：天然系調味料ともよびが，厳密な定義はない。各種加工食品，調味料に香り，味風味やこく味の付与に広く利用されている。タンパク質加水分解物や酵母エキスを主原料にしたものと，各種魚介，畜肉，野菜エキスを主原料としたものに分けられる。対象となる食品の種類や加工法に合わせて，これらを組み合わせたり，さらにアミノ酸，核酸，有機酸，塩類，油脂，香辛料なども加えた多種多様の配合型調味料としても市販されている。タンパク質加水分解物や酵母エキスを主原料としたものは強い味風味やこく味を付与する。また，エキスはもともと魚介などの煮汁を濃縮したものであり，だしやフォンのもつ香り，風味や独特の複雑な味を付与するものである。たとえば，めんつゆにおいては，かつお節だし汁の代替としてかつおエキス系調味料が，また味風味の補強として加水分解型の調味料が利用されている。近年では，加工食品に対する本物志向や風味重視の傾向に応じて，加水分解物やエキスの単なる配合だけではなく，加熱調理香を付与した調味料も多種市販されている。

⑤　うまみ調味料：食品添加物の調味料のうち，うま味を補強する目的で使用されるものの総称である。かつては化学調味料といわれていた。大きく分けてアミノ酸系，核酸系，有機酸系がある。アミノ酸系としては，こんぶ（昆布）のうま味から開発されたL-グルタミン酸一ナトリウム（MSG）が，核酸系としてはかつお節のうま味から見出されたイノシン酸二ナトリウム，しいたけのうま味から見出されたグアニル酸が，有機酸系としては貝

のうま味から見出されたコハク酸がおもなものである。それぞれ，個性的なうま味をもつが，グルタミン酸ナトリウムと核酸系調味料とを併用すると強い相乗効果があり，混合してうま味調味料として使用されている。

　その他：調味微調整として，砂糖類，塩が使用されている。

　つゆの調合：だし用原料を熱水抽出しただしと，かえしとよばれる醤油と味醂を混合し，ねかせたものを合わせてつくる。

　調合のポイント：素材の吟味とともに，各工程の温度と時間（不快成分の除去と香気成分の保持，味醂のアルコール分除去，過熱による諸反応の防止），各成分の比率（めんの種類，地域の好み，料理人の主張，季節性など）が主である。また，各成分をより効果的に生かすため，ねかしも欠かせないがまだ伝承技術の域である。保存製品の場合は，微生物，生化学活性を低下させるため，包装を含め殺菌，静菌などの工程が必須になる。

　用途・用法・コツ：そば，そうめんではつけ汁（辛汁ともいう）で食べる場合が多く，一般に塩分は3％強，だしを濃くするのに工夫がいる。この濃いだしの効率よい抽出技術は，とくに濃縮製品を市販する企業に重要である。また，そば用ではそば自身の香りがポイントなのでつゆの香りはそのバランスに留意する必要がある。

(4)　めんつゆの賞味期限

　めんつゆの賞味期間は開栓前で，1年から2年半とされているものが多いようである。しかし，開栓後の保存可能日数はそのまま食べるストレートつゆと水で薄める濃縮つゆでは異なる。ストレートつゆの市販品は，十分殺菌されて販売されているので，開栓しない限り腐らない。しかし，元来は低塩分で非常に腐りやすいものなので，開栓後は他の容器に移し替えたりせずにフタをきっちりとして，冷蔵庫に入れると一週間くらい保存できる。

　濃縮つゆはストレートつゆよりも日もちするが，冷蔵庫で2カ月が保存の目安である。開栓後2カ月で雑菌が増える傾向が見られる。しかし，濃縮つゆを水で薄めたものは容器などから雑菌が入り込んでいて，保存温度が高いと腐敗しやすくなっているので，薄めたつゆの保存は避けた方が無難である。

　また，めんつゆは常温では，風味・色合いも損なわれるので，開栓後はもちろん開栓前でも冷暗所に保管することが大切である。

2）めんつゆ製造方法

　製造法（出来上り量　600mL）
　原料：削りかつお……100g　　　しょうゆ……600mL（カップ3杯）
　　　　だし昆布…………20g　　　酒……………200mL（カップ1杯）
　　　　干し椎茸…………20g　　　本みりん……200mL（カップ1杯）
　　　※上記原料で下記のような一，二，三番だしを調製できる。
　　　※また，削りかつおを煮干しに変えてだしつゆを取ると，一般的な煮物だしとして利用できる。

① 一番だし（600mL）：
    そば・うどんつゆ，冷や麦・そうめんつゆ，天つゆ，澄まし汁，煮物などに4から5倍
    に希釈して用いる。
    （常温にて長期の保存が可能。但し，2〜3ヵ月程度のサイクルで使い切る方が風味・
    色合いの点から望ましい。）
② 二番だし（500mL）：
    炒め物，和え物，煮物，佃煮などに用いる。
    （冷蔵庫保存で一週間程度使用可能。あるいは随時使用する分だけ冷凍保存しても良い。）
③ 三番だし（500mL）：
    炒り煮，和え衣など，薄味の調味に用いる。
    （出来れば，だしを取ったその日に使い切る方がよい。冷蔵庫で1〜2日が保存の限度。）
器具：鍋（ホーローまたはステンレス），計量カップ，木杓子，裏ごし器，保存ビン
製造工程：

① ＜一番だし＞

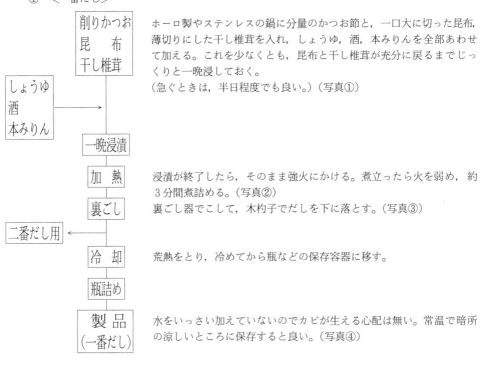

削りかつお
昆　布
干し椎茸

ホーロ製やステンレスの鍋に分量のかつお節と，一口大に切った昆布，
薄切りにした干し椎茸を入れ，しょうゆ，酒，本みりんを全部あわせ
て加える。これを少なくとも，昆布と干し椎茸が充分に戻るまでじっ
くりと一晩浸しておく。
（急ぐときは，半日程度でも良い。）（写真①）

しょうゆ
酒
本みりん

一晩浸漬

加　熱
浸漬が終了したら，そのまま強火にかける。煮立ったら火を弱め，約
3分間煮詰める。（写真②）

裏ごし
裏ごし器でこして，木杓子でだしを下に落とす。（写真③）

二番だし用

冷　却
荒熱をとり，冷めてから瓶などの保存容器に移す。

瓶詰め

製　品
（一番だし）
水をいっさい加えていないのでカビが生える心配は無い。常温で暗所
の涼しいところに保存すると良い。（写真④）

② ＜二番だし＞

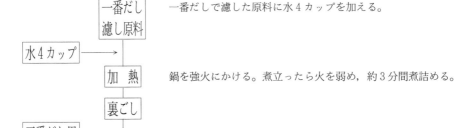

一番だし
濾し原料
一番だしで濾した原料に水4カップを加える。

水4カップ

加　熱
鍋を強火にかける。煮立ったら火を弱め，約3分間煮詰める。

裏ごし

三番だし用

```
┌─────┐
│冷 却│
└──┬──┘
┌──┴──┐
│瓶詰め│
└──┬──┘
┌──┴──┐
│製 品│
│(二番だし)│
└─────┘
```
使用期限は，冷蔵庫に保存して一週間。

③＜三番だし＞

```
┌──────┐
│二番だし│        二番だしで濾した原料に水4カップを加える。
│濾し原料│
└───┬──┘
┌──────┐  │
│水4カップ│──→
└──────┘  │
      ┌──┴──┐
      │加 熱│        鍋を強火にかける。煮立ったら火を弱め，コトコトと20～30分煮詰め
      └──┬──┘        る。
      ┌──┴──┐
      │裏ごし│        （昆布は煮溶けて糊状になるため除き，濾したかつお節，椎茸はフー
      └──┬──┘        ドカッターなどで粉砕後，砂糖，しょうゆなど好みの量で調味すると，
 ｛佃 煮｝←──         常備菜の佃煮として活用でき無駄がない。）
      ┌──┴──┐
      │製 品│        使用期限は当日，もしくは冷蔵庫で保存1～2日。
      │(三番だし)│
      └─────┘
```

写真 ①

写真 ②

写真 ③

写真 ④

7　いかの燻製

1）製造理論

　燻製品は燻煙中の煙成分（ホルムアルデヒド，酢酸，ギ酸，フェノールなど）を燻製品の表面に付着浸透させて乾燥したもので，独特の香気と味を与えると同時に微生物の発育を防止して，製品に貯蔵性を持たせる。

　イカの燻製品はいかくんともいい，イカ調味加工品の一種で，イカの胴肉を調味し，風乾して燻煙中で乾燥または加熱したものをいう。一般の製法は生鮮スルメイカ，または冷凍アカイカ（ツボ抜きイカ）などの胴肉を温湯中で皮をはいだのち煮熟し，調味液に浸漬する。これを燻乾し，カッターで厚さ1～2mmに輪切り二次調味を行い，水分40％前後にまで機械乾燥したものである。さきいかに比べると，燻乾による風味と水分が多いことによるソフト感が特徴である。

2）イカ燻製製造方法

原料：生イカ………800 g（4杯）新鮮なもので，イカの足は塩辛などにすると無駄にならない。

調味液 a
- 食塩…………50 g
- 砂糖…………40 g
- 清酒…………200mL
- 水……………600mL

器具：包丁，鍋，金串，ポリ袋，燻煙庫※，燻煙材（樫・楢・桜等の堅木のチップなど）

　　　※イカは薄く小さいので燻煙庫は鉄製の中華鍋等で代用できる。（テフロン製は不可）鍋にアルミホイルを敷き，番茶大さじ3～4，ザラメ（グラニュー糖でも可，）大さじ3，ローリエ2～3枚を入れる。その上に，金網を置き，材料を乗せて蓋をする。火にかけ煙が出だしたら弱火にし材料が薄く飴色になるまで燻す。煙の出方が少ないようなら，燻煙材を足す。

製造工程：

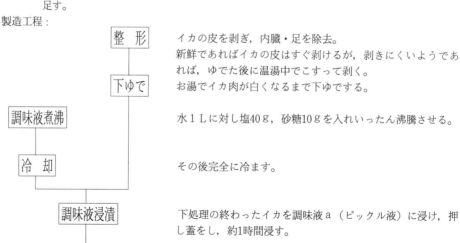

整 形	イカの皮を剥ぎ，内臓・足を除去。 新鮮であればイカの皮はすぐ剥けるが，剥きにくいようであれば，ゆでた後に温湯中でこすって剥く。
下ゆで	お湯でイカ肉が白くなるまで下ゆでする。
調味液煮沸	水1 Lに対し塩40 g，砂糖10 gを入れいったん沸騰させる。
冷 却	その後完全に冷ます。
調味液浸漬	下処理の終わったイカを調味液 a（ピックル液）に浸け，押し蓋をし，約1時間浸す。
表面の脱塩	流水で数分洗い表面の調味液を洗い流す。

乾　燥　　　　　　　イカの先端（三角部分）にひも付けなどして風通しの良いところで，約3時間乾燥させる。

燻　煙　　　　　　　熱燻法（70〜80℃）で30分間燻煙を行う。
　　　　　　　　　　乾燥・燻煙中に，イカの胴内に風や煙があたるようにする。

冷却・裁断　　　　　冷却し，好みの幅（2mm前後）で輪切りに裁断する。

製　品　　　　　　　冷蔵保存で5〜7日，長期保存する時は，保存用の袋に密封し冷凍すれば数ヵ月持つ。

一口メモ

◎市販の珍味類の表示を見ると，必ず記載されている項目にソルビトール（ソルビット）がある。保湿性が高いため，珍味以外にもあん(餡)，煮豆，つくだ煮，漬物，カステラなどに用いられている。効用として非褐変性，タンパク変性抑制，脂質酸化抑制，酵素，ビタミンなどの安定化，難発酵性，保香性などがあり，他に冷凍すり身，チルド食品，ドリンク剤，添加物製剤の溶剤としても利用されている。

Ⅴ　乳類の加工

1　牛乳加工一般

1)　牛乳の各部の名称

　牛乳から水分を除いたものの全固形物は脂肪と無脂固形物とする。牛乳成分そのままのものを全乳という。ここから牛乳処理工程において遠心分離により比重の軽い脂肪に富んだ部分を分離した場合，これをクリームといい残りを脱脂乳という。この脱脂乳に酸または凝乳酵素のレンネットを加えて生ずる凝固物をカードといい，これはタンパク質のカゼインを主成分とする。カゼインを取り出した後の透明な水溶液を乳清またはホエーという。全乳に同じ操作をしたときもカードとホエーを生ずる。このカードはカゼイン以外に乳脂肪も主成分とする。クリームを攪拌すると脂肪のみが分離されたバターと水溶性成分のバターミルクになる。

2)　牛乳の利用による加工品の種類

　乳等省令により市販乳は加熱殺菌が義務付けられており，殺菌した牛乳は殺菌乳＝市乳として飲用される。（殺菌しない牛乳は生乳という。）全乳を利用したものには，エバポレーターを利用して濃縮した練乳と，濃縮乳をさらにスプレードライヤーで水分を除去した粉乳がある。牛乳を発酵した製品としてチーズや発酵乳がある。牛乳の成分を一部利用したものにはクリーム，脱脂乳がある。さらにクリームからはアイスクリーム・バター・クリームチーズなどが作られる。脱脂乳からは練乳・粉乳・チーズ・酸乳飲料等が作られる。

```
(1)そのまま利用……市　乳 ┬①直接飲用 ┬普通牛乳
                          │          └特別牛乳，乳飲料
                          └②料理用

                    ┌練　乳 ┬①加糖練乳
                    │       └②無糖練乳
(2)牛乳全部を利用 ┤
                    │       ┌①全脂粉乳
                    └粉　乳 ┼②加糖粉乳
                            └③調製粉乳
```

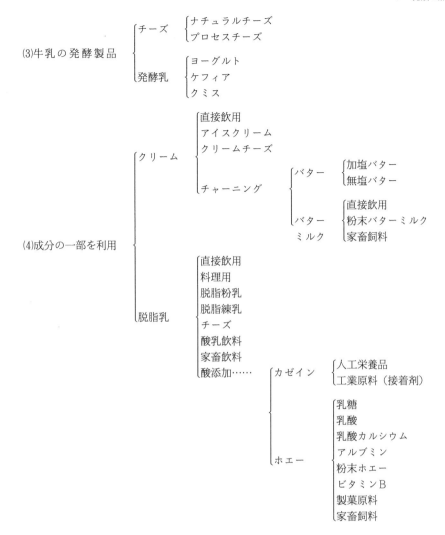

(3)牛乳の発酵製品
- チーズ
  - ナチュラルチーズ
  - プロセスチーズ
- 発酵乳
  - ヨーグルト
  - ケフィア
  - クミス

(4)成分の一部を利用
- クリーム
  - 直接飲用
  - アイスクリーム
  - クリームチーズ
  - チャーニング
    - バター
      - 加塩バター
      - 無塩バター
    - バターミルク
      - 直接飲用
      - 粉末バターミルク
      - 家畜飼料
- 脱脂乳
  - 直接飲用
  - 料理用
  - 脱脂粉乳
  - 脱脂練乳
  - チーズ
  - 酸乳飲料
  - 家畜飲料
  - 酸添加……
    - カゼイン
      - 人工栄養品
      - 工業原料（接着剤）
    - ホエー
      - 乳糖
      - 乳酸
      - 乳酸カルシウム
      - アルブミン
      - 粉末ホエー
      - ビタミンB
      - 製菓原料
      - 家畜飼料

一口メモ

◎ホエー（乳清）……牛乳を発酵させ酸性にしていくと，白い凝固物(カード；カゼインたんぱく質)が分離し，黄色の上澄みが遊離する。この遊離した液体をホエーと呼ぶ。

◎レンネット……仔牛の第4胃から採られるレンネットには，凝乳酵素（キモシン）が含まれている。キモシンは牛乳中の蛋白質間のペプチド結合を特異的に切り，牛乳を凝固させる加水分解酵素である。そのためチーズづくりには欠かせない。

3）乳類の一般的な製法

　市乳は牛乳の一番単純な加工品であり集荷した乳質のチェックと濾過，ホモゲナイザーによる乳脂肪の均質化と殺菌が主な工程である。殺菌方法は日本においては高温短時間殺菌法が主であるが，牛乳利用の歴史が長いヨーロッパでは風味の変化が少ない低温保持殺菌（63℃ 30分間）乳が主流である。

　バターは，牛乳中の乳脂肪分を分離したクリームをチャーニングという撹拌の操作により乳脂肪を塊状にする。このバター粒からバターミルクを排除し，ワーキングという練圧工程により水分を除去してつくる。

　ナチュラルチーズは主なもので400種あり，代表的なものを図表Ⅴ-1に示した。製造の基本は原乳にセッティングという乳酸発酵とレンネット（若い仔牛の第四胃から抽出した凝乳酵素のキモシン並びにペプシンが主成分）を加え凝固させる工程からをカード作ることにある。さらにカードを細切し加温と撹拌により，ホエーを排出，圧搾して型に詰め，加塩熟成させたものである。成分の変化については，様々な角度から詳細な研究がなされている。プロセスチーズはこのナチュラルチーズを何種類かブレンドし，乳化剤のリン酸塩やクエン酸塩を加え加熱により溶融乳化，充填包装により成形後冷却，製品としたものである。ナチュラルチーズ中の乳酸菌やプロピオン酸菌は死滅し酵素も失活しているために長期保存できる。図表Ⅴ-1 チーズの一般分類表のチーズアイとはチーズ熟成中にプロピオン酸菌（*Propionibacterium*）による発酵で生成したガスが形成したガス孔をいう。この表の分類の他に，水分含量による分類，製造上の特色による分類，熟成様式による分類，物性による分類などがある。

図表Ⅴ-1　チーズの一般分類

チーズタイプと種別			主なチーズ名と原産国
ナチュラルチーズ	軟質チーズ	非熟成（フレッシュ）	カッテージ，クリーム，ヌーシャテル（米），クワルク（独）
		熟成　細菌	リンブルガー（ベルギー），ハント（独，米）
		熟成　カビ（白カビ）	カマンベール（仏），ブリー（仏），ヌーシャテル（仏）
	半硬質チーズ	細菌熟成	ブリック（米），ミュンスター（仏，独），チルジット（独）
		カビ熟成（青カビ）	ロックフォール（仏），ゴルゴンゾラ（伊），スチルトン（英）
	硬質チーズ（細菌熟成）	乳酸発酵（チーズアイなし）	ゴーダ（オランダ），エダム（オランダ），チェダー（英）プロボロネ（伊）
		プロピオン酸発酵（チーズアイ）	エメンタール（スイス），グリュイエール（仏）
	超硬質チーズ（細菌熟成）		パルメザン（伊），ロマノ（伊），アジアゴ（伊），サプサゴ（スイス）
	ホエーチーズ（主に軟質）		リコッタ（伊），ミスオスト（ノルウェー）
プロセスチーズ類			プロセスチーズ，プロセスチーズフード，プロセスチーズスプレッド

中江利孝著『世界のチーズ要覧』高陽堂，1982, p.33

4) 市乳の処理工程

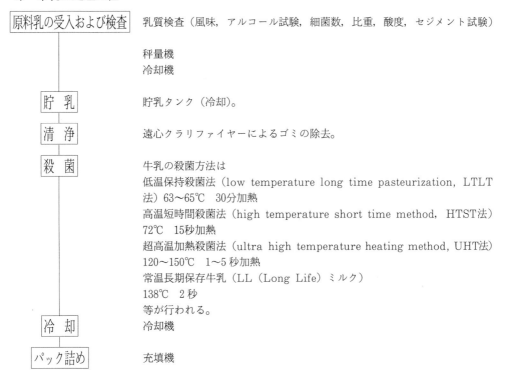

原料乳の受入および検査　　乳質検査（風味，アルコール試験，細菌数，比重，酸度，セジメント試験）

秤量機
冷却機

貯 乳　　貯乳タンク（冷却）。

清 浄　　遠心クラリファイヤーによるゴミの除去。

殺 菌　　牛乳の殺菌方法は
低温保持殺菌法（low temperature long time pasteurization, LTLT
法）63〜65℃　30分加熱
高温短時間殺菌法（high temperature short time method, HTST法）
72℃　15秒加熱
超高温加熱殺菌法（ultra high temperature heating method, UHT法）
120〜150℃　1〜5秒加熱
常温長期保存牛乳（LL（Long Life）ミルク）
138℃　2秒
等が行われる。

冷 却　　冷却機

パック詰め　　充填機

2　バター

1)　バターの種類

　バターには図表Ⅴ−2に示したような種類があるが，一般的には食塩添加の有無による加塩バター（一般に塩分0.9〜1.9％）と無塩バターがよく使われる。無水バターはバターオイルといわれ，無塩バターなどを融解・静置・遠心分離，その乳脂肪分のみを，殺菌後再度遠心分離して沈殿部分を除き，上澄を集めて作ったものである。

図表Ⅴ−2　製法によるバターの分類

分　類	性　状
発酵バター	サワーバターとも呼ばれ，ヨーロッパではこの発酵バターが多い。 乳酸菌を利用して製造したもので，さわやかでよい風味を有する。
甘性バター	乳酸発酵を行わないクリームから製造したバターである。一般的なバターである。
ソフトバター	低温での展延性を良くするために低融点バターオイルを配合したバター。
ハードバター	融点の高いバターオイルを配合して作ったバターで，高温でもオイルオフが生じない硬いバターである。
無水バター	バターまたは高脂肪クリームより作った水分0.5％以下のバターで，バターオイルとも呼ばれる。
ホイップドバター	バターの展延性を良くするために，N_2 ガスを封入しオーバーラン50〜100％に調整したもの。
粉末バター	バターや高脂肪クリームに乳化剤，カゼイン，糖などを配合して噴霧乾燥したバターである。

2)　バターの製造理論

　一般的に流通している甘性有塩バターの主な工程は，原料乳 ──→ クリーム分離 ──→ 中和 ──→ 殺菌・冷却 ──→ エージング ──→ チャーニング ──→ バター粒形成 ──→ バターミルク排除 ──→ バター粒子 ──→ 水洗 ──→ 加塩 ──→ ワーキング ──→ 充填包装 ──→ 製品，である。この工程でチャーニング並びにワーキングはバターを製造するための重要操作である。

　原料のクリームは乳脂肪が水分の中に分散している水中油滴型（O／W）の系である。クリームを撹拌するチャーニングの操作によって相転換が起こり，油中水滴型（W／O）のバター粒を形成する。このとき油中に分散していられなくなった水分がバターミルクとして排出される。生成したバター粒からバターミルクを除き，冷水で洗浄後練圧するワーキングという操作でバター中の水分，塩分，結晶脂肪を均一な組織にする。水分を十分除去することにより保存性の高い食品になる。

3)　バター製造法（出来上り量　約250ｇ）

原料：生クリーム（純脂肪分35〜45％のもので，他の成分を含まぬ製品）……500mL
　　　塩……3ｇ
器具：蓋付容器（１Ｌ位のびんorポリ容器），はし，計量カップ，ゴムベラ，茶こし，まな板，ヘ
　　　ラ，バター保存用の容器
　　　※容器はクリームをぶつけてバター粒に分離させるので，クリームが十分動く大きさを用意
　　　する。

製造工程：

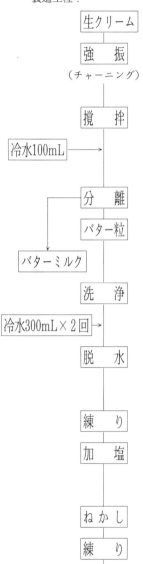

| 生クリーム | 生クリーム500mLを蓋のできる容器に入れる。（写真①） |

| 強　振 （チャーニング） | （必要に応じ容器をひもでくくり脚立などに吊す。） １〜２Ｌの容器であればそのまま手にもち，クリームが容器の壁面にぶつかるように繰り返し強く振る。（約５分）これによりクリーム粒が次第に固まってくる。 |

撹　拌　←冷水100mL

最初パチャパチャという音から次第に音がとだえてきて，中身が動きにくくなってきたら，冷水100mLを加えてさらに撹拌する。（15〜20分）なおこの際，さいばし４本を用いて容器の中に入れ，グルグルと強い撹拌を行うと，約５分後にはバター粒とバターミルクの分離が始まる。

分　離 → バター粒 → バターミルク

黄色いバター粒と白いバターミルクにはっきりとわかれる。（写真②）この状態では，水だけを振っているような音へと変わる。バター粒を流さないようにして，バターミルクを除去する。このバターミルク（約180mL）は，ほんのり甘くておいしい。

洗　浄　←冷水300mL×２回

バターミルクが残るといたみやすく，風味が損われるので冷水300mLを加え，再び容器に蓋をしてよく振ってバター粒を洗う。これを２回繰り返す。

脱　水

洗いの終了したバターをまな板の上にゴムベラ等でとりだし，まな板を傾斜させてスパテラ（包丁）を用いて幾度も押しつけて，水分を抜いていく。水分が残るとバターの保存性が低下するので，充分に水抜きをする。

練　り

水抜きと同時に，四方からヘラ等でバター粒を均質化させるために何度も繰り返して練る。（写真③）

加　塩

水分が抜けバター粒が均質化したら塩を加える。一般的に，使用クリーム中の純脂肪分量（例＝500mL×$\frac{45}{100}$＝225ｇ）の2.5％量（約６ｇ）を加えるが，手作りでは食塩のなじみが上手くいかず塩辛くなるので半量にする。３ｇの食塩を加え，ヘラ等でさらによく練り上げる。（写真④）

ねかし

塩をなじませるため，そのまま15分おいてさらに練る。これを，ワーキングという。

練　り

型詰め

あらかじめ殺菌済の容器に，空気が入らないようにすきまなく徐々に型詰めしていく。（写真⑤）

保　冷

冷蔵庫に入れて，柔らかくなったバターを２〜３時間おちつかせる。

136

| 製 | 品 |

容器から出し，ラップ等で包装して使用してもよい。ラム酒漬けレーズンを入れて，レーズンバターにしたり，ナッツ類を細かく砕いてバターに混ぜ込むなどの工夫も楽しめる。
　（保存は冷蔵庫で約1ヵ月，冷凍庫で6ヵ月位が目安。）

写真 ①

写真 ②

写真 ③

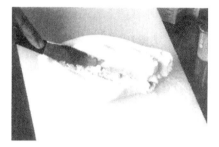

写真 ④

写真 ⑤

3　カッテージチーズ

1)　製造理論

　フレッシュチーズの代表であり，脱脂乳を原料とする一種の生チーズである。脱脂乳を酸またはレンネットで凝固させ，50℃前後まで徐々に加温しホエーを除く。カードをホエーと同量の水道水，さらに冷蔵水で洗ってよく水切りし，加塩混和し粒状カードとして容器につめる。クリーム添加を行うものもあり，加塩時に4％程度のクリームを混和する。

2)　カッテージチーズ製造法（出来上り量　約50ｇ）

　　原料：牛乳……400mL
　　　　　または，スキムミルク※50g＋ぬるま湯400mL
　　　　　食酢……40mL（好みでレモン汁に置きかえても良い）
　　　　　※低脂肪チーズを好みの場合に使用する。
　　器具：鍋，温度計，泡立器，計量カップ，ざる，さらし布※（2枚重ね）
　　　　　※手に入ればゴース地を利用する。
　　製造工程：

```
 ┌──────┐
 │ 牛　乳 │ ────（スキムミルク）50g
 └──────┘
     │ ┈┈┈┈┈（溶　　解）2カップのぬるま湯でダマにならないように溶かす。
     │
 ┌──────┐
 │ 加　温 │　鍋に入れ弱火で50℃まで加温し火をとめる。
 └──────┘
     │
┌──────┐
│ 食　酢 │──→
└──────┘
     │
 ┌──────┐
 │ 混合撹拌 │　食酢（またはレモン汁）40mLを加え，全体を軽く混合撹拌する。
 └──────┘　（写真①）
     │
```

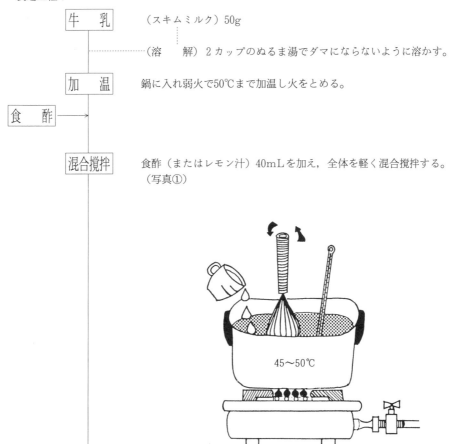

| 静　置 |
| 酸の除去 |
| 脱　水 |

そのまま静かに45℃を保ち10〜15分放置すると，牛乳中のタンパク質が酸で凝固し水と分離してカードができる。

十分沈澱して上部が透き通ったら布でこし（写真②），カードを流水中でよくもみ洗いする。

カードがもったりとなる位に水分を搾る。

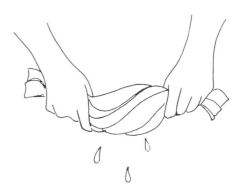

| 製　品 |

冷蔵庫で1週間程の保存ができ，そのままサラダに利用したり，チーズケーキの材料にも適する。

なお，スキムミルクを原料とした場合少しボソボソするので，少量の牛乳を加えてクリーム状にすると食べやすい。また，好みによって砂糖，白ワインを少量加えてもおいしい。そのまま食べる時は食塩を1％位加え混ぜると良い。

写真 ①

写真 ②

4　ヨーグルト

1）　種類と主な製造工程

　発酵乳とは，牛乳，水牛，山羊乳，羊乳，馬乳等を原料とし，乳酸菌あるいはこれに酵母を併用し発酵することにより風味と貯蔵性を付与したものである。乳酸発酵を利用したものにはヨーグルト，アシドフィルスミルク，サワーバターミルク，乳酸発酵とアルコール発酵の併用したものにはケフィール，クーミス等がある。

図表Ⅴ-3　製造方法によるヨーグルトの分類

乳酸菌の有無	形　状	種　　類	
乳酸菌生存 1,000万／mL以上	固形（静置）	①プレーンヨーグルト	（後発酵型）
		②ハードヨーグルト	（後発酵型）
	固形（撹拌型）	③ソフトヨーグルト	（前発酵型）
	液状	④ドリンクヨーグルト	（前発酵型）
	凍結	⑤フローズンヨーグルト	（前発酵型）
加熱殺菌により死滅	シロップ状	⑥酸乳シロップ	（前発酵型）

　製造方法からまとめると図表Ⅴ-3のように後発酵（原料を小売り容器に入れてから発酵する方法）と前発酵（原料をあらかじめタンク内で発酵した後，小売り容器に充填する方法）がある。また，発酵後の乳酸菌を含むものと，発酵乳を均質化後に砂糖を加え加熱しシロップ状にした殺菌済みのもの（飲用時に希釈）がある。

①　プレーンヨーグルトは乳原料だけを発酵させたヨーグルトで，ヨーグルトの基本型である。

②　ハードヨーグルトは主原料の生乳，脱脂乳，脱脂粉乳などの乳製品を混合溶解し，糖類，硬化剤としてゼラチンや寒天などを加え，乳酸菌のスターターを接種後容器に充填し発酵させる。

③　ソフトヨーグルト主原料の生乳，脱脂乳，乳製品を加温溶解し，安定剤を使用するときはゼラチンや，LM（低メトキシペクチン）ペクチン液などを混合する。均質化後に殺菌しスターターを接種し発酵後，カードを破砕し，フルーツソースと発酵乳を混合し容器に充填したものである。

④　ドリンクヨーグルトは発酵乳のカードをホモゲナイザーで細かく破壊し，甘味料や果汁を加えたものである。

⑤　フローズンヨーグルトは撹拌した冷たいナチュラルヨーグルトに砂糖，安定剤，乳化剤などで調整した液を加え，アイスクリームフリーザーでフリージングする。

⑥　酸乳シロップはナチュラルヨーグルトに砂糖を加え均質化後に加熱殺菌を行ったものである。

2)　製造理論

ヨーグルト用乳酸菌は *Lactobacillus bulgaricus*[注1] と *Streptococcus thermophilus*[注2] の間には共生作用があり，2菌種の混合では1：1〜1：2の時酸生成も早く，風味，物性とも良好なヨーグルトを作ることができる。この二種類の使用は必須とされて，これらはホモ乳酸菌でブドウ糖からほぼ100％に近い収率で乳酸を生成する。原料乳中で乳酸発酵が起こるとpHが低下し，カードの形成はpH5.5頃から始まり，pH5.0ゲルの形成が認められ，pH4.6以下になるとカードテンションの高い安定した組織になる。pH5.5から pH4.6までの間の振動はカードの形成不良につながる。また発酵過程でヨーグルト独特の芳香であるアセトアルデヒド等が形成される。他には，*L. acidophilusha* や *Bifidobacterium* 等も加えて製造に利用される。発酵させるためのスターターは保存した菌株から，3回以上植え継いで活力を回復させた後マザースターターを作る。マザースターターを1％使用してバルクスターターを作り，1〜3％製品用に接種する。使用菌株や発酵温度と時間によって酸度は異なるが，42〜43℃3〜4時間で0.65〜0.8％生成する。製品のヨーグルトとして0.8〜0.9％が望ましく，約5℃の貯蔵で2週間の保存ができる。

原料乳は抗生物質を含まぬ全乳や生脱脂乳をしようすることがもっとものぞましい。脱脂乳ではカードの固さを高めるため脱脂粉乳や練乳を加え無脂乳固形分を10〜11％にする。最近は逆浸透法（reverse osmosis，RO）による濃縮乳も使用されている。甘味量としては砂糖が一般的であり8〜11％使用される。硬化剤としては舌触りをなめらかにしたりカードを壊れにくくしたりするために使用されるが，寒天0.2％またはゼラチンを1％加えたり，両者を適宜混合したりして使用される。発酵原料に溶存酸素が多いと発行を抑制し時間がかかるので，原料混合時に空気を巻き込まないように注意する。

注1)　*Lactobacillus delbrueckii subsp. bulgaricus*（幅0.8〜1.0μm　長さ4〜6μmの桿菌で発育適温40〜43℃，最低22℃，最高52.3℃，牛乳中で最高2.7％のDL乳酸を生成）

注2)　*Streptococcus salivarius subsp. Thermophilus*（球〜卵状細胞　直径0.7〜0.9μmの双〜長連鎖を形成，発育適温40〜45℃，最低20℃，最高50℃牛乳中で0.6〜0.8％のL(＋)乳酸を生成）

3)　乳酸菌の特性

乳酸菌の最大の特性は糖からの乳酸生成能（$C_6H_{12}O_6 = 2 CH_3 \cdot COOH \cdot COOH$《乳酸》）であって食品への利用の基本もこの点にある。生成乳酸によって腐敗菌，あるいは病原菌など有害細菌の生育を阻止して，製造工程を安全化し，保存性を高めることは，乳製品（発酵乳，チーズ，その他の酪農製品），漬物類，醸造食品（清酒，みそ，醤油など）に巧みに取り入れられており，飼料用のサイレージの製造にも利用される。また発酵乳，乳酸菌飲料など乳酸菌を含む飲料には，整腸作用があるとされている。

4) 原 料

- イ 原料乳：新鮮なしかも抗生物質などを含まぬ生脱脂乳を使用することがもっとも望ましい。しかし脱脂粉乳，または脱脂加糖練乳を加えて無脂乳固形分を10〜11％とする。
- ロ 甘味料：砂糖と蜂蜜がよく使用される。製品酸度によって甘味の感じ方が異なるが一般には砂糖として8〜11％である。
- ハ 硬化剤：製品カードの硬化は，無脂乳固形分を増すことも一つの方法であるが，これのみではカードの粘性を増し，舌感が悪くなることもあるので，寒天を0.2％またはゼラチンを1％加えることが一般に行われている。
- ニ スターター：乳酸菌製品の製造でもっとも大切であるスターターとしての必要条件をあげると次の通りである。
  - ・使用する乳酸菌種以外の微生物を含まない
  - ・異臭味がなく，生成したカード組織や色沢が良好なもの
  - ・活力が強く速やかにしかも一定の速度で酸を生成する

5) 保存と製品の評価

ヨーグルトはキメ細かく，なめらかで，気泡やひび割れがなく，水分が分離して浮いていないもの，ほど良い酸味のあるものが良質である。また10℃以下で未開封のまま保存すれば二週間位おいしさが保てる。

6) ヨーグルト製造法

① スイートタイプ（出来上り量 約1L）

原料：牛乳……1L
　　　砂糖……7％（70g）
　　　硬化剤（寒天粉末）……0.15％（1.5g）
　　　スターター（市販ヨーグルト）……2％（20g）
　　　（香料……0.01％（0.2mL））
器具：ボウル，泡立器，計量スプーン，温度計，玉杓子，容器
　　　※使用する器具をあらかじめ10分位煮沸殺菌する。
製造工程：

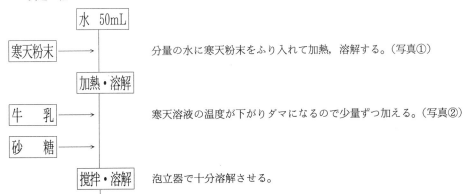

殺 菌	焦がさないように80℃になるまで加熱する。
冷 却	40℃以下になるまでラップをして冷却する。
スターター →	すみやかに混合する。（写真③）
（香 料） →	（香料にはヨーグルトエッセンスを用いるが，使用しなくともよい）
分 注	容器に分注し，表面の気泡を除去する。 以上の操作はなるべく手早く無菌的な取り扱いとなるように心掛ける。
密 封	
発 酵	37〜40℃で約6〜8時間発酵させる。 （あるいは28℃で15時間行う） カードが十分かたまっていれば良い。（酸度が0.6〜1％の間なら良品 である） 0〜5℃で冷蔵する。
冷 却	
製 品	

写真 ①	写真 ②	写真 ③

一口メモ
◎乳酸菌の種類

代表的な乳酸菌

A：乳酸桿菌　　B：乳酸球菌　　C：ビフィズス菌

出典　一般社団法人全国発酵
　　　乳乳酸菌飲料協会
　　　発酵乳乳酸菌飲料公正
　　　取引協議会

A：主に小腸に存在する乳酸桿菌のラクトバチルス菌は，細長い桿菌で乳酸発酵食品に広く利用さ
　れている。
B：死菌となっても免疫効果が期待できる乳酸球菌のコッカス菌は，細胞が小さく丸い球状菌である。
C：大腸に存在するビフィズス菌は，善玉菌として腸内環境を整える枝分かれ状の形をしている菌
　である。

出典　オーエム・エックス　腸内フローララボ

②　プレーンタイプ（出来上り量　約１Ｌ）

原料：牛乳……１Ｌ
　　　スターター（市販ヨーグルト）……牛乳の５％（50g）
器具：鍋，アルミホイル，温度計，計量カップ，計量スプーン，温度管理容器（ポットor発泡スチ
　　　ロールの箱）
製造工程：

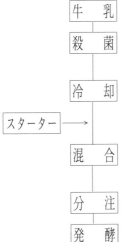

牛　乳	
殺　菌	鍋にアルミホイルをかぶせて焦がさないように80℃になるまで加熱し，殺菌を行う。
冷　却	40℃まで冷却する。

スターター　──→

混　合	計量スプーン２杯のスターターを手早く加え，軽く混合する。
分　注	ポット^{注1)}，発泡スチロールの箱^{注2)}等の発酵器中に入れる。（写真）
発　酵	発酵温度約35℃前後を保持し，約６〜８時間の発酵を行う。

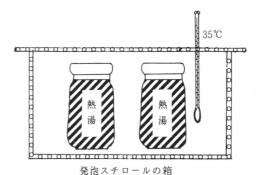

発泡スチロールの箱

| 冷　却 | カードが全体に形成されたら発酵をやめ，冷蔵庫内で冷却し味をおちつかせると共に舌ざわりをよくさせる。 |
| 製　品 | 好みによりジャムや砂糖を加える。 |

注1）ポット：あらかじめ熱湯を入れて暖めておく。
注2）発泡スチロールの箱：発泡スチロール内の温度を35〜37℃にし得る量の熱
　　　湯を耐熱性のびん，容器（きゅうす，やかん，鍋，ボウルでも可）に入れ
　　　ておき，同時に別の容器に注入した牛乳を入れて蓋をする。

VI 菓子類

1 あ ん

1) 製造理論

　"あん"は和菓子にはなくてはならないもので，その良否は菓子の価値を左右する。"あん"の原料となるマメ類はアズキ等であって，大豆や落花生では"あん"を作ることはできない。アズキ等が"あん"になる理由は，豆の成分中に含まれている54％の炭水化物（内60％がデンプン）と20％のタンパク質という割合や細胞の構造，またデンプンの糊化温度が高い（アズキで73℃）ことにある。豆に水を加えて加熱すると，細胞内のデンプン粒子が吸水膨潤するが，この時，デンプン粒子を囲むタンパク質が先に加熱凝固して，デンプン粒子を包み込み固定した状態で煮上がるので，デンプンが糊状に糊化しても互いにつくことを防ぐ。この煮豆をつぶしたり裏ごしにかけると細胞がバラバラの"あん"粒子になり，さらさらした状態を保つ。

2) あんの種類

(1) こしあん……やわらかく煮た豆をすりつぶすかうすでひき，布袋でこして皮をとりさった精製品。生あん，さらしあん，ねりあん，白あん，赤あんなどがある。

(2) 粒 あ ん……粒のままかまたはつきつぶしても皮はとらずにそのまま使う「あん」で，田舎あんともよばれる。つぶしあん，小倉あんなどがある。

3) あんの原料

(1) マメ類……タンパク質，脂肪分の多いもの（ダイズ，ラッカセイ）はあんにならない。デンプンが多くタンパク質適量のもの（アズキ，インゲン豆，ソラ豆など）はあんになる。

　　イモ類……サツマイモ，ジャガイモ，ヤマイモなど

　　クリ類

(2) 砂 糖……主成分が蔗糖からなる砂糖は甘味料としてはもっともうま味のあるものとして広く利用されている。原料は熱帯，亜熱帯でつくられるサトウキビで他に寒冷地で育つテンサイからもとれる。砂糖は，わずかな時間で体内に吸収されエネルギーとなり，疲労を回復させる素晴らしい働きをもっている。

イ　砂糖の種類

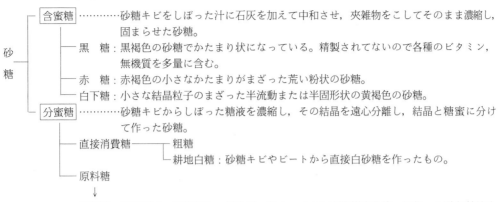

砂糖

含蜜糖……………砂糖キビをしぼった汁に石灰を加えて中和させ，夾雑物をこしてそのまま濃縮し，固まらせた砂糖。

　黒　糖：黒褐色の砂糖でかたまり状になっている。精製されてないので各種のビタミン，無機質を多量に含む。

　赤　糖：赤褐色の小さなかたまりがまざった荒い粉状の砂糖。

　白下糖：小さな結晶粒子のまざった半流動または半固形状の黄褐色の砂糖。

分蜜糖……………砂糖キビからしぼった糖液を濃縮し，その結晶を遠心分離し，結晶と糖蜜に分けて作った砂糖。

　直接消費糖―――粗糖

　　　　　　　　耕地白糖：砂糖キビやビートから直接白砂糖を作ったもの。

　原料糖
　　　↓

精製糖：原料糖を一度溶解し，活性炭，白土，イオン交換樹脂を使って作った脱色糖液を濃縮し，砂糖の結晶を取り出したもの。

ザラメ糖：………車糖に比べ結晶が大きく，蔗糖の純度が高い。純粋の砂糖であるので非常に上品な軽い甘味をもっている。色のちがいによって白ザラ，黄ザラなどに分けられている。黄ザラは黄褐色をしているがこれはカラメルで色をつけたものである。

グラニュー糖：…ザラメ糖の一種であるが結晶は比較的小さい。純度は白ザラメよりやや低いが家庭用に広く使われ，コーヒーや紅茶など香気を尊ぶ飲物には必ず使われる。

車　糖：………家庭用に使われているほとんどがこれに属し，粒が細かく，しっとりとした感じがある。結晶の粒子がくっつきやすいため，通常2～3％のビスコを添加してある。ビスコは砂糖を塩酸で分解し，ブドウ糖と果糖にしたもので，甘味がザラメ糖に比べ濃厚に感じるが蔗糖分の純度は低い。

三温糖…色は黄褐色で甘味は上品さに欠ける。

上白糖…結晶粒が小さい白砂糖である。

中白糖…上白糖の次の精製工程ででき，やや黄味がかった色である。

加工糖：

粉　糖…白ザラメを細かく粉砕したものでさらさらしているが吸湿性があり，かたまり状になりやすい。

角砂糖…グラニュー糖にグラニュー糖飽和糖液を少量加え，湿り気を与えて圧搾し，形に成型し60℃前後の熱風を通して乾燥したものである。

氷砂糖…砂糖を大きく結晶させたもので純度が高い。

ロ　砂糖の性質

　水溶性……砂糖は溶解度が大で20℃の水100gに約200g溶ける。

　甘味性……快適な甘さを持つ。また，果糖を除く他の糖の中で一番高い甘味度を示す。

　造形性……各種の原材料をまとめて一つの形にする粘着力を持つ。

　転化性……蔗糖は，薄い酸や酵素，熱により加水分解（転化）され，ブドウ糖と果糖になる。これにより，溶解度，甘味度，着色性，吸湿性などに変化を生じる。

　防腐性……砂糖の濃厚溶液は，浸透圧が高くなるため防腐性を持つ。また，酸素が溶けにくいために，酸化を防止できる。

この他に，砂糖には，着色性，吸湿性，浸透性，発酵性，ゼリー化力，デンプンの老化防止

作用などの性質をもつ。

4）生こしあん・栗入り羊かん製造法

豆類を加工した生こしあんをつくり，これから栗入り羊かんを製造する。

  生こしあん原料：アズキ ……400 g
  栗入り羊かん原料：生こしあん……540 g前後
         砂　糖……800 g（生あんの1.5倍量）
         角寒天……2本（生あん300 gに対し角寒天1本）
         水……450 mL（生あん重量の80％）
         栗甘露煮……適宜
  器具：ボウル　厚手鍋あるいは圧力鍋※　裏ごし　圧搾用布袋　木杓子　ゴムベラ　ざる
   すりこぎ　型箱
     ※時間短縮の場合圧力鍋を用いるが時間があれば鍋で煮熟した方が，良いあんができる。
  製造工程：
① 生こしあん（出来上り量　約550 g）

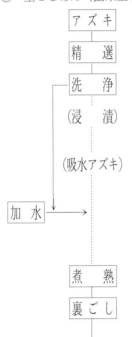

アズキ

精選   夾雑物の除去を行い水洗いする。

洗浄

（浸漬） $\left(\begin{array}{l}夏期　2～3時間\\冬期　12～16時間\end{array}\right\}$原料アズキの約1.5倍量となる。）

（吸水アズキ） （あらかじめ吸水させておくほうが早く軟らかくなる。しながら，小豆は大豆と違い，吸水させなくとも煮ることができる。）

加水 → 鍋にたっぷり水を入れて沸騰したら，豆が軽くゆれ動く程度の弱火で，豆が手でつぶれる位のやわらかさになるまで煮る。（新物の小豆で2時間，2～3年貯蔵した小豆で3～4時間）

煮熟 （圧力鍋の場合は豆の重さの2倍量の水を加えて落とし蓋をして煮熟する。沸騰して重りが動いてから12分加熱，5分蒸らす。）

裏ごし ボウルの中に裏ごしを凹型に置き，煮アズキを入れ，すりこぎで水を上からかけ流しながら豆を押しつぶし，皮とあん粒子にわける。このときあん粒子中に皮が混入しないように注意する。

水さらし ボウルにたまったあん粒子を静置させ，沈んだら静かにボウルを傾けて上澄みを流し去る。これに再び水を勢いよく加え同様の操作を2～3回行ってアクを除く。（写真①）

圧搾 布袋に入れて弾力が残る程度に搾り，水気を除く。（水分約60％）

製品 （写真②③）

写真 ① 写真 ② 写真 ③

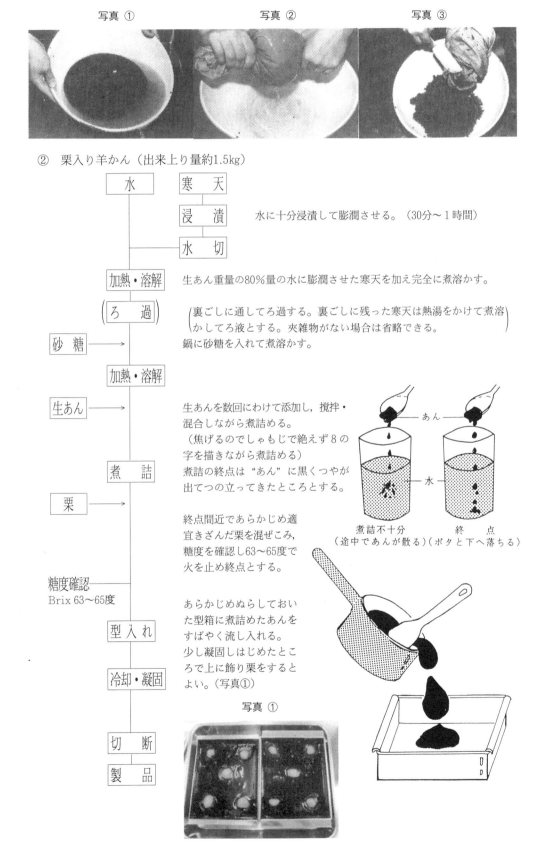

② 栗入り羊かん（出来上り量約1.5kg）

水	寒 天

浸 漬 ── 水に十分浸漬して膨潤させる。（30分～１時間）

水 切

加熱・溶解 ── 生あん重量の80％量の水に膨潤させた寒天を加え完全に煮溶かす。

（ろ 過）
（裏ごしに通してろ過する。裏ごしに残った寒天は熱湯をかけて煮溶かしてろ液とする。夾雑物がない場合は省略できる。）

砂 糖 ──→ 鍋に砂糖を入れて煮溶かす。

加熱・溶解

生あん ──→ 生あんを数回にわけて添加し，撹拌・混合しながら煮詰める。
（焦げるのでしゃもじで絶えず８の字を描きながら煮詰める）

煮 詰 ── 煮詰の終点は "あん" に黒くつやが出てつの立ってきたところとする。

栗 ──→

終点間近であらかじめ適宜きざんだ栗を混ぜこみ，糖度を確認し63～65度で火を止め終点とする。

糖度確認
Brix 63～65度

煮詰不十分 終 点
（途中であんが散る）（ポタと下へ落ちる）

型入れ ── あらかじめぬらしておいた型箱に煮詰めたあんをすばやく流し入れる。少し凝固しはじめたところで上に飾り栗をするとよい。（写真①）

冷却・凝固

写真 ①

切 断

製 品

③　つぶあん（出来上り量　750ｇ）

原料：小豆………300g（2カップ）
　　　　砂糖………350ｇ
　　　　塩…………ひとつまみ
器具：鍋，ざる，木杓子，バット
製造工程：

小　豆	小豆は洗ってから鍋に入れ，3倍位の水を加えて強火にかける。
水洗い	
沸　騰	
あく抜き	沸騰したら一度ざるにあけてあくが強いのでゆで汁を捨てて再び豆を鍋に戻して豆がかぶるまでたっぷりと水を加えて強火にかける。
煮　熟	沸騰したら弱火にしてコトコトと柔らかくなるまで煮る。（途中，水を足しながら豆が空気にふれない様に注意する）
煮詰め	煮汁を鍋底にたまる程度までに捨て，分量の砂糖を加え弱火にかけ煮汁がなくなる手前まで煮詰める。（写真①）
砂　糖	
仕上げ	煮詰め終わりには焦げやすいので鍋底を木杓子で混ぜながら，もったりとしたあんに仕上げる。（写真②） 火からおろし，塩ひとつまみを加えて混ぜ，バット等にあけて手早く冷ます。
製　品	※冷蔵庫で3〜4日の保存ができるが，ラップに小分けして包んで冷凍しておくと，必要な時に自然解凍あるいは電子レンジに数分かけるだけで利用でき，便利である。

写真　①

写真　②

④　そばまんじゅう（出来上り量　12個分）

原料：薄力粉……100 g　　　　　　　　　　　　水……1／2カップ
　　　そば粉…… 30 g　　　　　　　　　　　　つぶあん……350 g
　　　砂糖……大さじ2
　　　ベーキングパウダー……小さじ1　　　ⓐ
　　　塩……ひとつまみ

器具：鍋，ざる，木杓子，計り，バット，ボウル，計量カップ，計量スプーン，まな板，包丁，
　　　布巾，クッキングシート，蒸し器

製造工程：

| 材料ⓐ | ボウルに薄力粉，そば粉，砂糖，ベーキングパウダー，塩を入れ，分量の水を加えてよく混ぜ，1つにまとめる。（生地がベタつく場合は，分量外に少量の薄力粉を混合して良い。） |

水 →

| 混ねつ | まな板に薄力粉を少々振って生地をのせ，さらにその上でよくこねてなめらかな生地とする。 |
| ねかし | ひとまとめにして，かたく絞った布巾をかけて20分間生地をねかせる。 |

つぶあん

（解凍）

一方，つぶあんを12等分にして丸めておく。（つくり置いてあるつぶあんの場合は解凍のこと。）

| 成　型 | 丸く成形する。（写真①） |
| 包あん | ねかしの終了した生地を，良さ20cm位の棒状にまとめ，12等分に切り分ける。（写真②③）
切り口を指でつぶすようにして，まん中が厚く，周囲が薄くなるように指先で伸ばす。
その中に丸めたあんをのせ，皮の合わせ目が厚くならないようにして閉じ包む。（写真④⑤⑥） |
蒸　し	クッキングシートを5cm角程度に切り，その上に包あんしたまんじゅうをのせ，間隔をあけて蒸し器の上に並べ，強火で8〜10分蒸す。全体がやや透きとおるようなかんじになれば蒸し上がりである。
放　冷	盆ざる等に移し荒熱をとる。
製　品	そば粉を練りこんだ素朴な味わいのあるまんじゅうである。

写真 ①　　　　　　　　　写真 ②　　　　　　　　　写真 ③

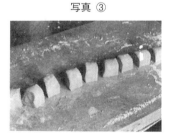

写真 ④ 　　　　　　　　写真 ⑤ 　　　　　　　　写真 ⑥

 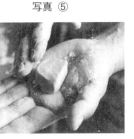 

⑤　小倉蒸しカステラ（出来上り量　18cm×12cm型容器1個分）

原料：つぶあん……200 g ⎫
　　　黒砂糖………100 g ⎬　　ⓐ
　　　水……2／3カップ ⎭
　　　卵白……4 個分
　　　砂糖……大さじ2
　　　薄力粉……60 g
　　　上新粉……30 g

器具：鍋，木杓子，ボウル，泡立器，深型容器（電子レンジ用），クッキングシート，
　　　ラップフィルム，まな板，包丁

製造工程：

ⓐ材料	黒砂糖に分量の水を加えて鍋に入れて煮とかし，ここへつぶあんを加えて混合し，火からおろして冷ましておく。（写真①）
加　熱	
混　合	

卵白をボウルに入れて角が立つまで泡立て，砂糖を加えてさらにしっかりと泡立てる。（写真②）
泡立て卵白の1／2量を加え，ここへ薄力粉，上新粉をあわせてふるい入れ，さっくりと混ぜる。

卵　白 → 泡立て → 1／2量 →

薄力粉・上新粉 →

混　合

卵白1/2 → 混　合
　　　　　最後に泡立てた残りの卵白を加え，均一に混ぜる。（写真③）

型入れ
　　　　　電子レンジに入れられる容器の内側にクッキングシートを敷き，その上に生地を流し入れる。（写真④）

電子レンジ加熱
　　　　　ラップで軽く蓋をして電子レンジ（500W）に5分かける。竹串をさして生地がくっついてこなければ良い。加熱を終了したらすぐに型からはずし，荒熱をとる。（写真⑤⑥）使用する容器によって多少加熱時間が異なるので，途中4分位で様子を見ると良い。

```
放 冷
製 品
```

写真 ①

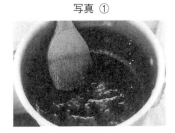

写真 ②

写真 ③

写真 ④

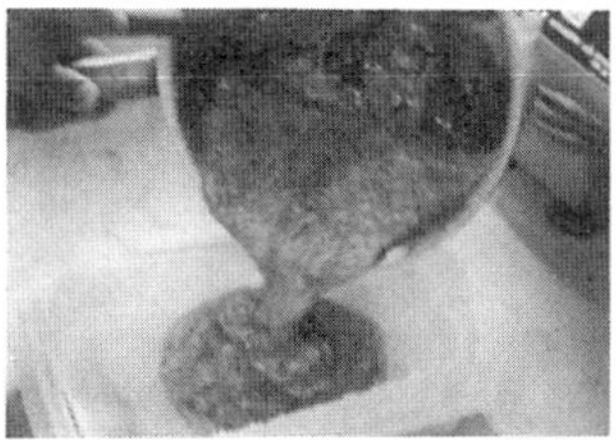

写真 ⑤

写真 ⑥

⑥　きんつば（出来上り量　6個分）

原料：つぶあん…… 200 g
　　　薄力粉………… 50 g
　　　水…………… 120 mL ⎫
　　　砂糖……ひとつまみ ⎬ ⓐ
　　　塩………ひとつまみ ⎭
　　　サラダ油………少量

器具：まな板，包丁，ボウル，茶こし，クッキングシート，さいばし，ホットプレート（テフロン
　　　加工のフライパンでも可）

製造工程：

```
ⓐ材料
 │
混 合
 │
裏ごし
 │
ねかし
 │
つぶあん ──→
 │
成 型
```

ボウルに薄力粉，水，砂糖，塩を入れてよく混ぜ，目の細かい茶こし
などで生地を裏ごし，なめらかにする。これを30分程ねかして生地を
おちつかせる。

つぶあんは冷蔵庫で充分冷やしたもの。（冷凍つぶあんの場合は7割
程度の解凍を行ったものが扱い易い）をまな板の上にのせ，包丁で空
気をぬくように，寄せては伸ばして厚さ1㎝くらいの長方形に形づく
り，これを6等分に切る（ラップで包んで成型の仕上げをしてもよい）。

焼 成	ホットプレート（orテフロン加工フライパン）に少量のサラダ油をぬ り，低温120℃位に調節する（ガスの場合はごく弱火とする）。（写真 ①②） つぶあんをそっと手でもち，側面の1ヵ所を30分ねかし終えた生地に つけ，この面から焼いていく。側面が全部焼けたら表面も片方ずつ生 地につけて焦げないように注意しながらじっくりと焼きあげる。（写 真③） （写真④）
製 品	

写真 ①

写真 ②

写真 ③

写真 ④

⑦　どら焼き（出来上り量　8 cm約10個分）

材料：薄力粉……………………270 g
　　　全卵……………………… 3 個（L 玉）
　　　砂糖……………………150 g
　　　ハチミツ………………大さじ1.5
　　　みりん…………………大さじ1.5
　　　重曹…………………小さじ1.5
　　　水A………………………75mL
　　　水B………………………75mL
　　　サラダ油（焼き用）……適量
　　　あん…………………………適量

器具：ボウル，泡立て器（又はハンドミキサー），粉ふるい，ゴムべら，ラップ，ホットプレート，
　　　レードル，フライ返し

製造工程：

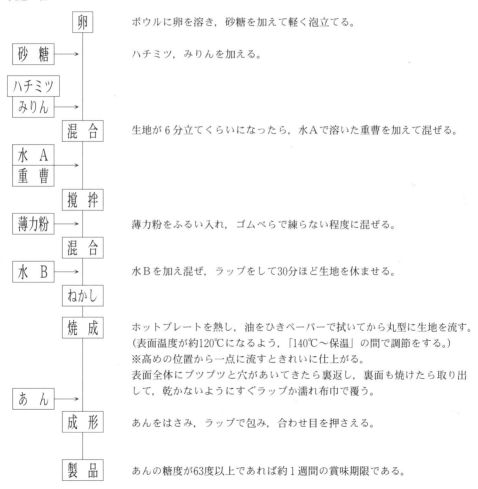

卵　　　　　　　　ボウルに卵を溶き，砂糖を加えて軽く泡立てる。

砂　糖　→　　　　ハチミツ，みりんを加える。

ハチミツ
みりん　→

混　合　　　　　　生地が 6 分立てくらいになったら，水Aで溶いた重曹を加えて混ぜる。

水　A　→
重　曹

撹　拌

薄力粉　→　　　　薄力粉をふるい入れ，ゴムべらで練らない程度に混ぜる。

混　合

水　B　→　　　　水Bを加え混ぜ，ラップをして30分ほど生地を休ませる。

ねかし

焼　成　　　　　　ホットプレートを熱し，油をひきペーパーで拭いてから丸型に生地を流す。
　　　　　　　　　（表面温度が約120℃になるよう，「140℃〜保温」の間で調節をする。）
　　　　　　　　　※高めの位置から一点に流すときれいに仕上がる。
　　　　　　　　　表面全体にプツプツと穴があいてきたら裏返し，裏面も焼けたら取り出
　　　　　　　　　して，乾かないようにすぐラップか濡れ布巾で覆う。

あん　→

成　形　　　　　　あんをはさみ，ラップで包み，合わせ目を押さえる。

製　品　　　　　　あんの糖度が63度以上であれば約 1 週間の賞味期限である。

2　キャンデー

1)　製造理論

キャンデーは，「砂糖を固める」という意味で，主原料は砂糖である。糖液を煮沸させると，糖液中の水分が蒸発し，濃度が高まる。この時，煮詰めていく過程によって性状が変化していくことを利用し，各種製品をつくることができる。糖液煮詰め温度による状態の変化は図表Ⅵ－1のようになる。

図表Ⅵ－1　　糖液沸点温度と状態

沸点（℃）	状　　　　　態
101.5	細い糸状　small　thread　stage
102.6	太い糸状　large　thread　stage
105.0	なめらか　真珠状　pearl　stage　シロップ用
110.5	糸を引く　blow　stage
111.3	羽毛状　feather　stage
112〜	やわらかい玉となる　soft-ball　stage
115	ファジ，フォンダンの製造
119〜	やや硬い玉となるfirm-ball　stage
120	キャラメル製造
129〜	硬い玉となる　hard-ball　stage
132	タッフィー製造
134〜	割れる　crack　stage
149	バタースカッチ製造
149〜	硬く割れる　hard-crack　stage
155	あめ玉，ドロップなど製造
160〜	熔融して淡黄　－黄金－　黒褐色となる
165〜	barley　sugar-crammed　stage
170〜	カラメル化

2)　原料について

(1)　砂　糖……水によく溶解する性質があるとともに溶解液から再結晶しやすい。加熱により転化糖を生成し，同時に縮合，重合して分子量の大きな膠質物質を生成し，これらが砂糖を煮詰めた場合のうま味を形成するともいわれている。さらに加熱によりカラメル化を起こす。

(2)　水　飴……使用目的は砂糖の結晶防止：製品に適度の粘性を与える：製品の艶をよくする：原料コストを安価にする：などである。その他，製品の吸湿性や甘味度の調整の役割も果たす。

(3)　デンプンおよび加工デンプン…デンプンは molding starch としてキャンデーの流し込み成型剤として，または吸湿防止の手粉として利用される他，キャンデー配合原料として body 形成用に多用される。また加工デンプンはスターチ

ゼリー（starch jelly），ゼリービーンズ（jelly beans）等のゲル状組織形成剤として用いる。

(4)　乳製品……キャラメル（caramel），ファッジ（fudge）等の重要な原料で，製品に与える風味，栄養効果はもちろんのこと，組織，色調に対する役割も大きい。牛乳，練乳，粉乳，クリーム，バター，ホエー，チーズ等の形態で配合される。

(5)　油　脂……役割としては光沢，組織，香味，栄養，chewing性などの向上にある。使用にあたっては変質，均質な分散化等の配慮を忘れてはならない。

(6)　フルーツおよびナッツ…フルーツとしては，砂糖漬果物（canding fruits），ジャム，乾燥物時には新鮮な生果が使用される。一方ナッツでは，乾燥，焙焼，油揚製品が直接あるいは粉砕物やペーストとして使用される。両者いずれもキャンデーに風味を与えることが目的である。

3)　キャンデーの種類

(1)　ハードキャンデー（hard candy）

ドロップおよび飴玉はハードキャンデーのもっともシンプルなしかも古来から嗜好され続けてきた代表的なキャンデーである。

ハードキャンデーとは，砂糖類を溶解した状態で水分1～2％に煮詰めたhigh cooked candyである。付加する香料の種類や，添加するコーヒー，紅茶，チョコレート，黒糖，バターなどの配合物により，多数の種類の製品名称が与えられる。

(2)　キャラメル（caramel）

砂糖，水飴，練乳，油脂，乳化剤，香料等を混合溶解したものを水分8～10％まで煮詰め，これを冷却，成型したchewy candyである。キャラメルは，わが国の代表的な西洋菓子であり，原料にコーヒー，チョコレート，チーズ，果実，アーモンド，ピーナツ等を入れることによって各々特徴のある製品が得られ，このフレーバーによってキャラメルを分類することが多い。また，煮詰方法による色調の違いから（開放蒸発釜→褐色キャラメル）（真空煮詰機→白色キャラメル）あるいは内部組織の差より微細結晶化させたものをファッジ（fudge）として分類している。

(3)　掛　物

古くはチャイナマーブル（chaina marble）とか，ゼリービンズ（jelly beans）として親しまれていた掛物は，最近ではチョコレートボール（chocolate ball）とか糖衣チョコレート（suger coating chocolate）（マーブルチョコレート）に嗜好が移ってきた。

掛物の製造は砂糖粒，乾燥ゼリー，レーズン，ナッツ，キャラメル，チョコレート等をセンターとし回転釜を用いて砂糖あるいはチョコレートを被覆してその形を次第に大きくしていくものである。

(4) 乾燥物〔マシュマロ（marshmallow），ゼリー（jelly）〕

　　乾燥物とは，砂糖，デンプン，水飴，ペクチン，ゼラチン，色素等を混合し，成型用デンプンを用いて一定の形に成型して乾燥したキャンデーの一種である。

　　マシュマロは，ゼラチンを温水に撹拌溶解しこれを砂糖，水飴，水の混合液に加え煮溶かしておく。一方卵白を撹拌，泡立てた後先の液を少しずつ加え撹拌し成型用デンプン中に流し一夜室温に放置，デンプンを篩別する。

　　ゼリーはペクチン，砂糖に水を加え加熱し，水飴を添加後順次残りの砂糖を加え110℃まで煮詰める。直ちに，クエン酸，香料，色素，洋酒などを混合し，成型用デンプン上に流し一夜放置して製造したゼリーにグラニュー糖をまぶす。

(5) ヌガー（nougat）

　　砂糖，水飴，アルブミンまたはゼラチン，ナッツ（砂糖漬果物）を原料として混合撹拌による気泡を多く含んだチューイング性（chewing quality・かみ心地）があるキャンデーをヌガーと称している。

(6) タフィ（taffy）

　　砂糖：水飴＝8：2の割合で混合し，煮詰め，ナッツ類を加えて撹拌，混合し，水盤上で冷却，固化した後切断，包装して製品とする。またバター，食塩，チョコレート，香料を添加することもある。

(7) ピーナッツブリットル（peanuts brittle）

　　砂糖10，水飴8，水3の割合で混合し140〜150℃に加熱，加熱を止めバター，ピーナッツ，少量の食塩を添加し冷却板上に流して一定の厚さとし固化後切断する。

　　バタースカッチの製法も大体同じである。

(8) フォンダン（fondant）

　　砂糖，水飴，水を混合加熱し115℃で火を止め強く撹拌しクリーム化する。これに泡立て卵白，香料を添加し混合する。

　　フォンダンはそれ自身で単独の菓子であるがチョコレートキャンデーなどのセンター，あるいは洋生菓子のデコレーションに用いられる。

(9) ファッジ（fudge）

　　砂糖，水飴，油脂，加糖全脂練乳，水，レシチンを混合し，115℃に煮詰め，火を止めてフォンダン，食塩，香料を添加して水盤上に流し冷却後，切断，包装する。

4) キャンデー製造法

① キャラメル（出来上り量　500 g）

原料：水飴※……240 g
グラニュー糖……300 g
エバミルク……270 g
バター……90 g
サラダ油……適宜
※水飴の計量は直接使用する鍋にはかりとる。

器具：厚手の鍋，木杓子，温度計，はけ，包丁、平バット，クッキングシート，オブラート，セロファン

製造工程：

製造工程	説明	写真
原　料		
加　熱	水飴，グラニュー糖，エバミルクを厚手の鍋に入れて火にかけ，砂糖が完全に溶けて煮立ってきたらはけに少量の水をつけ鍋の内側の砂糖の結晶を洗い流す。（写真①）	　写真 ①
煮　詰	バターを加え，木杓子でゆっくりと鍋底を混ぜながら中火で煮詰める。（終点近くで刻みチョコを加えるとチョコレートキャラメルとなる。）	
流し入れ	温度が114〜117℃になったところで直ちにサラダ油をぬった平バットまたはクッキングシート上に流し入れる。（写真②）	　写真 ②
放　冷	表面を木杓子等で平らにならし，放冷する。	
切　断	少し弾力が残るところで上から包丁でたたくように切断し一口大とする。オブラートで1個ずつ包む。	
製　品	セロファン等で包装する。	

② ピーナッツスカッチ（出来上り量　350g）

原料：水飴………………　50g
　　　グラニュー糖……300g
　　　バター……………　15g
　　　ピーナッツ………150g
　　　水………………100mL

器具：①キャラメル同様

製造工程：

グラニュー糖，水飴，水を厚手の鍋に入れて中火にかける。

しゃもじ等は使わず，鍋を軽くゆすりながら混合する。

バターを溶かし，白く溶けた砂糖がカラメル色に色づき温度が150℃に達したらあらかじめ細刻したピーナッツを一度に加え，木杓子で手早くかきまぜる。

直ちに火からおろしサラダ油をぬった平バットまたはクッキングシート上に流し入れる。

③　生マシュマロ（ギモーヴ）：

ⓐ　びん詰果実利用ギモーヴ（出来上り量　20×20×2cmセルクル型1台分）

材料：桃のびん詰め………180g（固形量）
　　　グラニュー糖………180g
　　　水あめ……………30g
　　　レモン汁…………大さじ2
　　　粉ゼラチン………24g
　　　水………………140g
　　　コーンスターチ……適量

写真

器具：ソースパン（小），木べら，糖度計，ボウル，ハンドミキサー，ゴムべら，セルクル型，ステンレスバット，クッキングシート

製造工程：

| 桃のびん詰め | 桃のびん詰めは，ミキサーにかける。 |

磨　砕

水あめ
グラニュー糖　→　ソースパンに水あめ・グラニュー糖・桃のびん詰めを入れ，火にかける。

加　熱　グツグツと大きな泡が小さな泡になるまで煮詰め，糖度60度以上になったらボウルへ移す。

ゼラチン
レモン汁　→　水でふやかし，レンジで溶かしたゼラチン（500w／約2分）とレモン汁を加え，ハンドミキサーを高速で回す。
　　　　　※周りに飛び散るので注意する。

撹　拌　白っぽくモッタリとした生地に線がひけるくらいまで泡立てる。
　　　　（約10〜15分）

型　詰　ステンレスバットにクッキングシートを敷き，その上にセルクル型（写真）をのせ，生地を流し込む。

冷　却　粗熱がとれたら冷蔵庫で冷やし固める。

切　断　型からはずし，コーンスターチをまぶしながらカットしていく。切り口にもコーンスターチをつける。

製　品　冷蔵庫で約2週間，冷凍庫で約半年は保存ができる。

※自作の桃のびん詰めでも，市販のシロップ漬けでも製造可能である。

ⓑ ジャム利用ギモーヴ（出来上り量　20×20×2 cmセルクル型1台分）

材料：イチゴジャム………180 g（固形量）
　　　グラニュー糖………80 g
　　　水あめ……………30 g
　　　レモン汁…………大さじ2
　　　粉ゼラチン………30 g
　　　水………………140 g
　　　コーンスターチ……適量

器具：ソースパン（小），木べら，糖度計，ボウル，ハンドミキサー，ゴムべら，セルクル型，ステンレスバット，クッキングシート

製造工程：

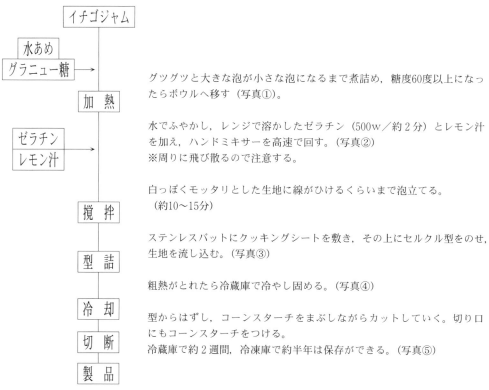

ソースパンにイチゴジャム，水あめ，グラニュー糖を入れ，火にかける。

グツグツと大きな泡が小さな泡になるまで煮詰め，糖度60度以上になったらボウルへ移す（写真①）。

水でふやかし，レンジで溶かしたゼラチン（500w／約2分）とレモン汁を加え，ハンドミキサーを高速で回す。（写真②）
※周りに飛び散るので注意する。

白っぽくモッタリとした生地に線がひけるくらいまで泡立てる。
（約10〜15分）

ステンレスバットにクッキングシートを敷き，その上にセルクル型をのせ，生地を流し込む。（写真③）

粗熱がとれたら冷蔵庫で冷やし固める。（写真④）

型からはずし，コーンスターチをまぶしながらカットしていく。切り口にもコーンスターチをつける。
冷蔵庫で約2週間，冷凍庫で約半年は保存ができる。（写真⑤）

写真 ①

写真 ②

写真 ③

写真 ④

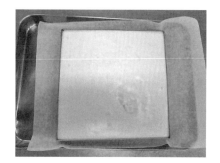

写真 ⑤

3　チョコレート

1)　製造理論

　カカオ樹の果実種子（カカオ豆）から，ココア
とカカオバターを取る。カカオバターは33℃～37
℃に熱すると淡黄色の濃い油状となるが，これを
カカオペーストに加えると，14℃以下でも冷えて
固まり，板状に薄くのばすと "パン" と割ること
ができる。この性質を応用して誕生したのが固型
のチョコレート菓子である。

2)　チョコレート加工時の温度調節
　　（テンパリング）

　チョコレートを33℃（融点）以上に温めると，
カカオバターが完全に溶けるため流動状になる。
そのため，均質に混ざり合っていたカカオの固形
物質と砂糖，カカオバターの結合が失われ，カカ
オバターが分離してしまう。これを放置し，冷え
固まった時がファットブルーという状態で，その
まま使用できないので，全体を均質にまとめる必
要がある。そこで，カカオバターの分離を防ぐた
めに，完全に流動性になって粘稠を失ったものを
（37℃），いったん凝固点以下（27℃）に冷やし，粘
稠性を与え全体の結合をとり戻す。これを，再度
30～32℃に温めなおすと半流動状の粘稠性のあるも
のになる。

3)　チョコレートの種類

（1）　純チョコレート

　　一般に製菓原料として使用しているチョコレートで，カカオマス，カカオバター，砂糖，
ミルク，レシチン，バニリンによってつくられている。カカオバター以外の脂肪は入って
いないので，風味の良い良質のチョコレートである。

（2）　チョコレート

　　純チョコレートと準チョコレートの中間的なもので，成分規格がカカオ分において純チョ
コレートと同様であるが，他の成分では異なる。

図表Ⅵ-2　チョコレート加工と温度の関係

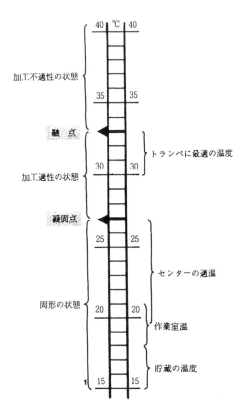

(3)　準チョコレート

　一般に，「洋生用チョコレート」「コーティングチョコレート」といわれるもので，テンパリングの必要のない溶かせば使えるものである。カカオバターの代用として，植物油やヤシ油が添加されており，成分規格上，(1)や(2)と異なる。使用法は，35～36℃にしてから使用する。

4)　チョコレート製造法

①　グリヨット

　　原料：フォンダン　砂糖……500 g
　　　　　　　　　　　水………250 mL
　　　　クーベルチュール※（カカオバター含有の良質なチョコレート，または市販の板チョコ）
　　　　洋酒漬チェリー　　チェリーをブランデーに漬け込んで半年以上経過したもの
　　　　　　※33℃になると急激に溶け，18℃以下で完全に固まる。細かく刻んでからボウルに入れ
　　　　　　40℃位の湯煎にかけて溶かし29～30℃に保持する。（温度上昇は冷却後白い結晶となるので注意する）
　　器具：ボウル，鍋，温度計，平バット，チョコフォーク，絞り出し袋，クッキングシート，
　　　　　網かご（ざる），泡立器，ゴムベラ，木杓子，ハケ，はし
　　製造工程：

洋酒漬チェリー	チェリーは柄付のものを丁寧にブランデーに漬け込んでおく。（2～3年漬け込んだものがおいしい）（写真①）
水　切	チェリーを取り出して汁気を切る。
フォンダンがけ	115℃まで煮詰めた砂糖を自然に65℃まで冷却後わずかに白い結晶ができ始めるところまで撹拌しフォンダンを作る。このフォンダンを湯煎にかけて固まらないようにしながら，チェリーの柄のつけ根を少し残してつける。
冷　却（65℃）	フォンダンが十分冷めるまで待つ。
クーベルチュールがけ（チョコレートコーティング）	クーベルチュールに最初下から1/3位のところまで浸し袴をはかせそれが乾いたら柄のつけ根から4 mm上位のところまでチョコレートをたっぷりつけて引き上げ，余分なチョコレートを落として仕上げる。（写真②）
製　品	

写真 ①

写真 ②

② トリフ

原料：ガナッシュ ｛生クリーム ……75mL
板チョコ………150g
ラム酒 …………小さじ1
　　　　　　※板チョコと生クリームの割合は2：1程度が良い
クーベルチュール ……………適宜
器具：①グリヨット同様

製造工程：

ガナッシュ

生クリームを少し暖めて分量のチョコレート，ラム酒を溶かしたガナッシュをさらにボールの底を氷か水にあて泡立器でかきたて，空気を含んだ軽い感じのガナッシュにする。

絞り出し

好みでナッツ類，ピール類など混ぜこんでもよい。絞り袋に入れクッキングシート等の上に小さく丸く絞る。またはスプーンですくいとって置く。

成　型

冷たい手でそっと丸めて形をととのえ，表面のガナッシュが十分乾くまで冷却する。

冷　却

クーベルチュールがけ

ガナッシュの周りにクーベルチュールを薄く塗りつける。（ガナッシュをチョコフォーク等で突き刺してクーベルチュールに通すと良い）固まったら再度クーベルチュールにくぐらせて網の上にのせる。

角つけ

チョコフォーク等をつかって小さく網の上をころがし小さな角をつける。

製　品

③ キャラメルがけのアマンド

原料：アーモンド…………300g
グラニュー糖………100g
水 ……………大さじ3
バター …………10〜15g
器具：①グリヨット同様
製造工程：

アーモンド

乾燥焼き

アーモンドは薄皮付きのまま天板に広げ，低温のオーブン（120〜130℃）で乾燥焼きを20分程かけて十分にして冷めないようにしておく。

砂　糖
水

直径18cm位の厚手の鍋に砂糖を入れ水を加えて火にかける。

加　熱

そのまま静かに煮立て水ハケで鍋の内側を2〜3回きれいに洗う。

煮　詰	やがて砂糖液をはしの先につけて指でつまんで指を開いた時に切れずに7cm位の飴の糸をひくようになったら（118℃）暖かいアーモンドを一度に加え木杓子で混ぜながら火からおろし，さらに混ぜ砂糖を白く結晶させる。
火止め（118℃）	
混　合	
砂糖ふるい	砂糖がすっかり白くサラサラの状態になればざるを使って余分な砂糖を払い落とす。
再加熱	一方，鍋についた砂糖をきれいに洗い落として，再びアーモンドを戻し火にかける。アーモンドの周囲の白い砂糖が平均にキャラメル色になるまで煮る。（150〜160℃位） 火は中火位で時々鍋を火から離す位の状態でカラメル化させる。
バター	
放　冷	おろし間際にバターを加え溶かし，手早くまぜてサラダオイルを塗った天板に広げ，熱いうちに1粒ずつ離すようにして仕上げる。
製　品	

④　アマンド・オー・ショコラ

　　原料：クーベルチュール……適宜
　　　　　ココア……適宜
　　器具：①グリヨット同様
　　製造工程：

キャラメルがけのアマンド	
クーベルチュールがけ	クーベルチュールのチョコレート液にアマンドを入れ，木杓子か手で混ぜてチョコレートをまぶし1粒ずつ離してクッキングシート等の上に置き，固まったらもう一度クーベルチュールにとおす（1粒ずつ行う）
ココアがけ	最後にココアの中に転がし，ざるに入れ余分なココアをふり落として仕上げる。
製　品	

⑤　イチゴチョコバー

　　原料：クーベルチュールホワイトチョコレート……400 g
　　Ⓐ　凍結乾燥イチゴ……………………………………15 g
　　　　マシュマロ……………………………………………30 g
　　　　アーモンド……………………………………………50 g
　　　　ビスケット………………………………………………70 g

器具：ボウル，鍋，包丁，ゴムべら，温度計，型（ステンレスバット），クッキングシート，オーブン

製造工程：

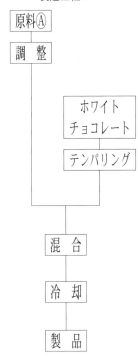

型にクッキングシートを敷いておく。
アーモンドは包丁で粗みじん切り，ビスケットは手で砕いておく。
＊マシュマロ，凍結乾燥イチゴのサイズが大きい場合は同様にカットしておく。

チョコレートをテンパリングする。
① ボウルにチョコレートを入れて湯せんにかけ，40～45℃に加温する。
　 ＊湯気や水が入らないよう，ボウルよりも小さいサイズの鍋を選ぶ。
② 水をはったボウルにつけて底を冷やしながら，空気が入らないようにゴムべらでゆっくり混ぜる。25℃まで下がったら水から外す。
③ 湯せんにかけて再び28～29℃まで加温し，よくかき混ぜる。
　 ※テンパリングをしないと風味や口どけの悪いチョコレートになってしまう。

チョコレートに凍結乾燥イチゴ，マシュマロ，アーモンド，ビスケットを加えてよく混ぜ，型に入れて平らにならす。

冷蔵庫で冷やし固める。

細長く食べやすい大きさに切り分ける。

※凍結乾燥イチゴは凍結乾燥機があれば，イチゴの凍結乾燥品を製造して使用する。なければ，市販のものを使用する。
※凍結乾燥イチゴの代わりにドライクランベリーやオレンジピールなどを用いても美味しい。

＜イチゴの凍結乾燥処理＞

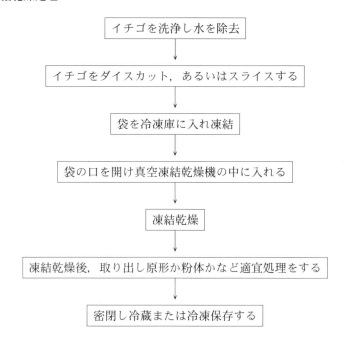

イチゴを洗浄し水を除去

↓

イチゴをダイスカット，あるいはスライスする

↓

袋を冷凍庫に入れ凍結

↓

袋の口を開け真空凍結乾燥機の中に入れる

↓

凍結乾燥

↓

凍結乾燥後，取り出し原形か粉体かなど適宜処理をする

↓

密閉し冷蔵または冷凍保存する

真空凍結乾燥について

　真空凍結乾燥は，凍結乾燥ともいう。食品を凍結した状態で，真空あるいは減圧条件下で乾燥する方法である。水は0℃，4.6mmHg以下では氷と水蒸気が平衡し，氷が昇華する物理現象を利用した乾燥法である。食品の水分を昇華して乾燥させるので，食品の形状の萎縮がない状態で乾燥できる。また，低温で酸素の少ない状態で乾燥するので，食品の色，風味，栄養成分の損失が少ない製品を作ることができる。

　真空凍結乾燥食品の特徴は，多孔質の組織となるので，吸水復元性がきわめてよく迅速であるが，衝撃に弱く壊れやすく，多孔質のために表面積が広く吸湿や酸化が起こりやすい。

　真空凍結乾燥装置が必要であるが，設備が複雑で精密であるので，設備投資，維持にはコストがかかる。

　乾燥には長時間を要し，通常10～20時間である。機械の製造能力と食品によっては，2～3日かかる場合もある。製造に適した品目は，高浸透圧を有する食品には適さないが，固形，ペースト，液状食品には適する。真空凍結乾燥品はその食品本来の特性を損なわないで，単に水分だけを除去し長期の保存・貯蔵を可能とし，食用に使う場合には水分を補給することにより乾燥前の食品に復元が可能である。例としては，ふりかけ，果実の乾燥品，インスタントマッシュポテト，山いも粉，乾燥みそ（→粉末みそ），乾燥野菜，乾燥スープ，即席めん具材類，インスタントコーヒーなどがある。

真空凍結乾燥の工程は，原料 → 前処理 → トレイ盛り → 予備凍結 → 真空凍結乾燥 → トレイ出し後処理 → 製品

このような過程を経て製品になる。

写真 ①

装置は，伝導や輻射による熱の供給を可能にした真空容器（装置），昇華した水蒸気をトラップするコールドトラップおよび真空ポンプよりなる。

コールドトラップは，水が真空ポンプ（油を使用する）にはいって，性能を下げるのを防ぐために必要である。乾燥に要する時間は長いが，非常に低温で乾燥しているので実用的にゆるせる時間で乾燥できる。これは，真空にすると水蒸気の拡散係数が圧力に逆比例して増大すること，操作が水蒸気の一方拡散となるために物質移動速度が，第二成分（空気）の分圧に逆比例するので，乾燥速度が大きくなるからである。

乾燥中に食品が，低温となるのは真空度が上がるとともに，物質移動速度が大きくなり昇華潜熱を周囲から奪うためである。

乾燥機には，箱型乾燥機，トンネル乾燥機，バンド乾燥機が用いられ，操作圧は0.1～3mmHg程度である。

4 アイスクリーム

1) 製造理論

アイスクリームの種類は大きく分けて3種類になる。これは厚生労働省で定められた，乳製品の成分規格に準じアイスクリーム類とされている物で図表VI-3に示した。シャーベット等は食品添加物等の規格水準で氷菓と分類されている。

図表VI-3 アイスクリームの分類

種類別	アイスクリーム	アイスミルク	ラクトアイス	氷菓（一般食品）
乳固形分	15％以上	10％以上	3％以上	左記以外
うち乳脂肪分	8％以上	3％以上	―	左記以外
大腸菌群	陰性	陰性	陰性	陰性
一般菌群	100,000以下	50,000以下	50,000以下	10,000以下

＊大腸菌群，一般細菌数はアイスクリーム類1g中，氷菓1mL中である。

アイスクリーム類は牛乳・乳製品に卵，砂糖を主原料に香料や果汁，果肉，ジャム類，チョコレート，ナッツ類，抹茶，コーヒー，酒精飲料などを製造品目により配合し，これをかき混ぜ，泡立てを行いながら凍結（硬化したハードアイス）・半凍結（流動性がわずかにあるソフトアイス）したものである。アイスクリームのソフトな口融けは製造中に生成される多数の気泡と微細な氷結晶によるものであり，油相が水相および氷相の中に分散している系（W／O）である。

2) アイスクリーム表示の見方

(1) 種類別名称は図表VI-3の4種類が記載される。

(2) アイスクリームに含まれる無脂乳固形分.乳脂肪分や植物性脂肪分などの割合を，パーセントで表示。（乳脂肪以外のチョコレートや卵など，原料から移行する脂肪の場合は，チョコレート脂肪分1％などと欄外に表示。）

(3) 原材料の名前は，多く使ったものから順番に記す。主原料は「乳」の他，練乳や粉乳などの名称を一括した「乳製品」で表示し，主要混合物は，砂糖・卵黄・フルーツ果汁・果肉・チョコレート・レーズン等，多少にかかわらず製品に不可欠な原料のことで，固有の名称で表示。また，モナカ・シュー・コーンなどの可食容器は，これら原料の末尾に記載される。添加物は物質名すべてを表示されるが，ただし，香料・乳化剤は一括名称で着色料・糊料（安定剤・増粘剤等）甘味料等は物質名と用途名が表示される。

3) アイスクリーム類製造法

① アイスクリーム（出来上り量　400 mL）

原料：牛乳……200 mL　粉ゼラチン……3.5 g　生クリーム……100 mL
　　　砂糖……50 g　鶏卵……3 個　　　　香料（バニラエッセンス）……10滴
器具：鍋，計量カップ，温度計，泡立器，ボウル，容器（プラスチック・ステンレス等），裏ごし器（ミキサー）
製造工程：

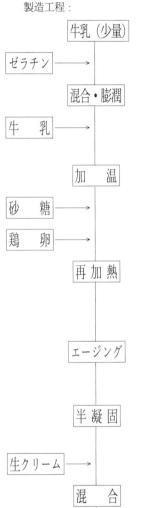

少量の牛乳中に粉ゼラチンを入れ，約15分間膨潤させる。

ゼラチンが十分膨潤したら鍋に入れ，残りの牛乳を全量加え，60〜70℃に加温する。

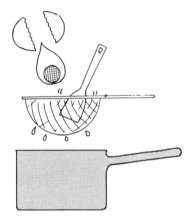

ゼラチンが完全に溶けたら砂糖を加える。
次に鶏卵をろ過して加える。

鶏卵の添加により温度が低下するため，再び60〜70℃に温度を上昇させ10〜15分保持する。この間，鍋ぶちにタンパク質を凝集させないように撹拌する。

氷水に鍋ごとつけて30〜40分冷却するか，または，冷蔵庫内で2時間程度の冷却をし，エージングを行う。

液にとろみがつき半凝固した状態になったら，生クリームを軽くクリーム状にしたところへ徐々に加え，混合していく。

10〜20秒ミキサーにかけるか，または，泡立器で強く撹拌して気泡をだきこませる。

容器に流し入れ密閉して冷凍庫内（−18〜25℃）でフリージングする。

凍結しはじめたら，約1時間おきに数回かきまぜる。

②　シャーベット（マーマレード利用）（出来上り量　約900g）

　マーマレードは糖度が50％以上であるので，シャーベットの糖度が17％位になるようにマーマレードの使用量を決め，砂糖は加えないで製造する。卵白を使用すると，シャーベットの結晶がふんわりとした軽い感じに仕上がる。また，結晶化した後に再度微解凍してフードカッターにかけると，結晶がより微細になり食感の良いシャーベットになる。

　　　原料：マーマレード（糖度55度）……300 g
　　　　　　水 ……………………………600 mL
　　　　　　卵白 …………………………… 1 個分
　　　器具：フードプロセッサー（なければ包丁），木杓子，バット，泡立て器（ハンドミキサー），
　　　　　　ゴムベラ，玉杓子，冷凍庫
　　　製造工程：

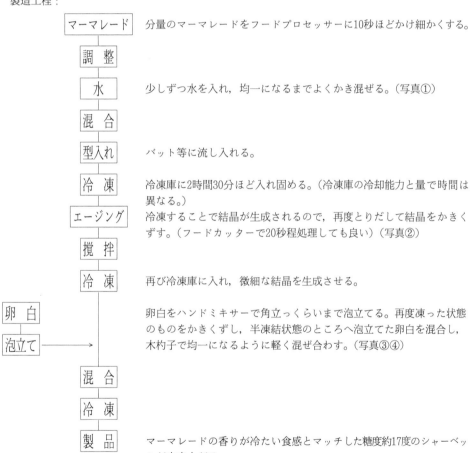

マーマレード　　分量のマーマレードをフードプロセッサーに10秒ほどかけ細かくする。

調整

水　　少しずつ水を入れ，均一になるまでよくかき混ぜる。（写真①）

混合

型入れ　　バット等に流し入れる。

冷凍　　冷凍庫に2時間30分ほど入れ固める。（冷凍庫の冷却能力と量で時間は異なる。）

エージング　　冷凍することで結晶が生成されるので，再度とりだして結晶をかきくずす。（フードカッターで20秒程処理しても良い）（写真②）

撹拌

冷凍　　再び冷凍庫に入れ，微細な結晶を生成させる。

卵白　　卵白をハンドミキサーで角立つくらいまで泡立てる。再度凍った状態
泡立て　　のものをかきくずし，半凍結状態のところへ泡立てた卵白を混合し，木杓子で均一になるように軽く混ぜ合わす。（写真③④）

混合

冷凍

製品　　マーマレードの香りが冷たい食感とマッチした糖度約17度のシャーベットが出来上がる。

写真 ①

写真 ②

写真 ③

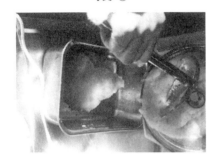

写真 ④

5　アイスボックスクッキー

1)　製造理論

　小麦粉に砂糖，ショートニングなどを加えて焼きあげた菓子をビスケットという。ビスケットの種類は，固いハードビスケットと口の中でくだけやすいソフトビスケットに分けられる。ハードビスケットは焙焼の際の火ぶくれを防ぐため，生地にガス抜きの針穴と彫刻模様を施す。クッキーはビスケットのアメリカ風の呼びかたで，わが国ではソフトビスケットのうち，副材料の配合割合が多く，口ざわりが柔らかくバターリッチなビスケットをクッキーとよんでいる。膨張剤（ベーキングパウダーや重曹など0.5〜2％）はハードビスケットには必ず使用し，ソフトビスケットは材料の配合割合で異なる。砂糖や卵，乳製品，水分などで変化するので一般例をあげると，バターやショートニングなどの油脂の割合が薄力粉の50％以上あれば膨張剤を使用しなくとも歯もろさがでる。50％未満25％以上であれば，膨張剤の使用は必要でないが使用すればソフトに仕上がる。それ以下に油脂が少ない場合は膨張剤の使用が必要になる。仕込み形態によって，のばし生地，絞り生地，アイスボックス，手型ものの区分があり，それぞれ材料割合が異なる。

2)　クッキー製造法（アイスボックス）（出来上り量　約50枚）

原料：

	《白生地》	《黒生地》
バター	55 g	45 g
砂糖	58 g	55 g
卵	25 g	25 g
小麦粉	140 g	100 g
ココア	―	25 g

器具：ボウル，木杓子，ふるい，ラップ，包丁，まな板，オーブン，クッキングシート

製造工程：

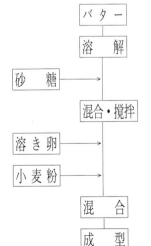

バターは，白っぽいクリーム状になるまでよく練る。

砂糖を少しずつ加えながら，更に練る。

溶き卵を加えて，再び混ぜる。

さらにふるった小麦粉を4・5回に分けて入れ，木ベラでかき混ぜる（黒生地の場合はココアも一緒に振るい，小麦粉と共に混ぜる）。

好きな形を作り，棒状にしラップにくるんで冷凍庫に入れる。（2〜3時間）

冷 凍	
切 断	5〜7㎜位の厚さに切る。
焼 成	クッキングシート上に生地を並べ170℃〜180℃のオーブンで，10〜13分 焼く。（写真①）
製 品	（写真②）

写真 ①

写真 ②

VII　卵の加工

1　マヨネーズ

1)　製造理論

　食用に供される卵には，鶏，アヒル，ウズラの卵があり，一般に卵といえば鶏卵を意味する。卵加工品には，一次加工による液状卵，凍結卵，乾燥卵，濃縮卵と二次加工によるマヨネーズを代表とするドレッシング類，ケーキやカステラの菓子類，パン，ピータン，燻製卵や医薬品としてのリゾチーム，レシチンなどがある。図表VII−Iに卵の加工特性と利用を示した。

図表VII−1　卵の加工特性と利用

	特徴と利用
加熱変成	加熱により，卵白は約60℃でゲル化が起こり次いで流動性を失って凝固を起こす。卵黄は約65℃で全体が粘稠になり粘度が増してから完全に凝固する。ゆで卵，卵焼き類，茶碗蒸し類（茶碗蒸し，卵豆腐，カスタードプリン）など。液卵製造（加糖又は加塩したものは除く）の際，殺菌は上記の熱凝固性の温度を考慮して，連続式によるときは液卵白で56℃3.5分間保持，液全卵は60℃3.5分間保持及び液卵黄は61℃3.5分間保持の条件で行われる。
表面変成	卵白は撹拌によって泡立ちを起こす。これはタンパク質の表面変成によるものでグロブリンやアルブミンが関与している。マシュマロ，メレンゲ，ケーキ類，泡雪かんなどの菓子類。
乳化性	卵黄はレシチンを含むために乳化作用や抗酸化力を持つ。マヨネーズ，ドレッシング類，アイスクリームなど。
酸，アルカリによるゲル化	卵白はpH2.2以下，あるいはpH12以上でゲル化する。炭酸ナトリウムなどのアルカリ性物質により卵白卵黄が凝固し暗色化するのを利用してピータンが作られる。

　マヨネーズは，図表VII−2の日本農林規格のドレッシングに定義が定められている。また，その規格も図表VII−3のように決められている。

図表VII−2　ドレッシングの日本農林規格

用　　　語	定　　　　　義
ド レ ッ シ ン グ	次に掲げるものをいう。 1　食用植物油脂（香味食用油を除く。以下同じ。）及び食酢もしくはかんきつ類の果汁（以下この条において「必須原材料」という。）に食塩，砂糖類，香辛料等を加えて調製し，水中油液型に乳化した半固体状もしくは乳化液状の調味料，又は分離液状の調味料であって，主としてサラダに使用するもの。 2　1にピクルスの細片等を加えたもの。
半固体状ドレッシング	ドレッシングのうち，粘度が30Pa・s以上のものをいう。

乳化液状ドレッシング	ドレッシングのうち，乳化液状のものであって，粘度が30Pa・s未満のものをいう。
分離液状ドレッシング	ドレッシングのうち，分離液状のものをいう。
マヨネーズ	半固体状ドレッシングのうち，卵黄又は全卵を使用し，かつ，必須原材料には卵黄，卵白，たん白加水分解物，食塩，砂糖類，はちみつ，香辛料，調味料（アミノ酸等）及び香辛料抽出物以外の原材料を使用していないものであって，原材料に占める食用植物油脂の重量の割合が65％以上のものをいう。
サラダクリーミードレッシング	半固体状ドレッシングのうち，卵黄及びでん粉又は糊料を使用し，かつ必須原材料，卵黄，卵白，でん粉（加工でん粉を含む。）たん白加水分解物，食塩，砂糖類，はちみつ，香辛料，乳化剤，糊料，調味料（アミノ酸等），酸味料，着色料及び香辛料抽出物以外の原材料を使用していないものであって，原材料に占める食用植物油脂の重量の割合が10％以上50％未満のものをいう。

図表Ⅶ-3　マヨネーズの規格

区　　　　分	基　　　　　　　準
性　　　　状	1　鮮明な色沢を有すること。 2　香味及び乳化の状態が良好であり，かつ，適度な粘度を有すること。 3　異味異臭がないこと。
水　　　　分	30％以下であること。
油脂含有率	65％以上であること。
原材料 食品添加物以外の原材料	次に掲げるもの以外のものを使用していないこと。 1　食用植物油脂 2　醸造酢及びかんきつ類の果汁 3　卵黄及び卵白 4　たん白加水分解物 5　食塩 6　砂糖類 7　はちみつ 8　香辛料
食品添加物	次に掲げるもの以外のものを使用していないこと。 1　調味料 　5'-イノシン酸二ナトリウム，5'-グアニル酸二ナトリウム，5'-グルタミン酸二ナトリウム，コハク酸二ナトリウム及び5'-リボヌクレオチド二ナトリウム 2　香辛料抽出物
異　　　　物	混入していないこと。
内　　容　　量	表示重量に適合していること。

　マヨネーズは植物油，食酢，卵黄などからなる水中油滴型乳化物で図表Ⅶ-1の乳化性を利用している。マヨネーズの製造工程には殺菌工程はなく，日本農林規格では保存料は天然物でも認めていない。それにもかかわらず，マヨネーズが腐敗しにくい食品なのは，油分約65％以

上の製品で，成分中の食酢（水相中酸度1.3～2.1％）と調味料の食塩（4～7％）が微生物の繁殖を抑えているためである。一般に，全卵型より卵黄型がマヨネーズの粘度は高く，油量，食塩量，食酢中の酸度の増加並びに辛子粉などの粉末成分はマヨネーズの粘度を高くする。食酢量の増加はマヨネーズの粘度を低くする。また，砂糖添加は製品の色を透明化する。

2) 鶏卵の品質

近年サルモネラ・エンテリティディスによる食中毒が増加傾向にあり，原因食品については「卵類及びその加工品」が増加しているため，鶏の卵の表示基準，液卵の規格基準が設けられた（平成10年11月25日）。また，冷蔵流通が行われるようになった。

さらに，平成12年7月1日から，生鮮食品に対する「原産地表示」が義務付けられた。この表示基準（生鮮食品品質表示基準）改正に伴い，「鶏卵規格取引要綱」についても一部が改正された。

図表Ⅶ－4　鶏卵の品質区分

等級 事項		特級 （生食用）	1級 （生食用）	2級 （加熱加工用）	級外 （食用不適）
外観検査及び透光検査した場合	卵殻	卵円形，ち密できめ細かく，色調が正常なもの。清浄，無傷，正常なもの	いびつ，粗雑，退色などわずかに異常のあるもの。軽度汚卵，無傷なもの	奇形卵，著しく粗雑のもの。軟卵。重度汚卵，液漏れのない破卵	カビ卵。液漏れのある破卵。悪臭のあるもの
透光検査した場合	卵黄	中心に位置し，輪郭がわずかに見られ，偏平になっていないもの	中心をわずかにはずれるもの。輪郭は明瞭であるものやや偏平になっているもの	相当中心をはずれるもの。偏平かつ拡大したもの。物理的理由によりみだれたもの	腐敗卵，孵化中止卵，血卵，みだれ卵，異物混入卵
	卵白	透明で軟弱でないもの	透明であるが，やや軟弱なもの	軟弱で液状を呈するもの	－
	気室	深さ4ミリメートル以内で，ほとんど一定しているもの	深さ8ミリメートル以内で，若干移動するもの	深さ8ミリメートル以上で，気泡を含み，大きく移動するもの	－
割卵検査した場合	拡散面積	小さなもの	普通のもの	かなり広いもの	－
	卵黄	円く盛り上がっているもの	やや偏平なもの	偏平なもの	－
	濃厚卵白	大量を占め，盛り上がり，卵黄をよく囲んでいるもの	少量で，偏平になっているもの	ほとんどないもの	－
	水様卵白	少量のもの	普通量のもの	大量を占めるもの	

　鶏卵の個体の品質区分は，外観検査，透光検査，または割卵検査した場合の鶏卵各部分の状態によって，上記表のように特級，1級，2級および級外に区分する。この場合の検卵方法は，通常，外観検査および透光検査によるものとし，割卵検査は，透光検査によっては判断し難い場合に行うものとする。また，鶏卵によっては，内部にサルモネラ・エンテリティディスが含まれる場合があるので，使用前の冷蔵保管と衛生的な取り扱いを心がける。

　食鳥卵の成分規格で，殺菌液卵（鶏卵）はサルモネラ：陰性（25 g 中）で未殺菌液卵（鶏卵）は細菌数1,000,000／g 以下となっている。未殺菌液卵は生菌を含むので，加熱を行わない加工食品の製造に使用することはしない。

　以上のような外観および透光検査の他，割卵検査によって卵白においては卵重と濃厚卵白の高さから求める，ハウ・ユニットや，卵黄の高さと直径から求める卵黄係数がある。

　3)　**マヨネーズ製造法**（出来上り量　450mLびん 1 本分）

原料：

ⓐ
- 卵黄……2 個
- 砂糖……8 g（大さじ 1 弱）
- 食塩……6 g（小さじ 1）
- 練りガラシ……4 g（小さじ1）
- コショウ ……0.8 g（小さじ⅓）
- 食酢……42mL
- サラダ油……320 g

器具：ボウル（ガラス製が良い），泡立器，計量スプーン，計量カップ，ゴムベラ，広口びん（450 mL容），フードカッターまたはミキサー

製造工程：

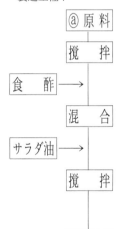

ⓐ 原料　ボウルに卵黄，砂糖，食塩，練りガラシ，コショウを入れて泡立器でとろっとなるまでよく撹拌する。

撹拌

食酢→

混合　食酢の半量を加えてよく混合・撹拌し，さらに残りの食酢を添加して十分に混合する。

サラダ油→

撹拌　分量のサラダ油を徐々に滴下して，以下の時間を目安として適宜撹拌する。
- 手動：15〜20分
- フードカッター：4分
- ミキサー：5〜7分

製品　調整したら直ちに食す。

一口メモ

◎貯蔵期間について

　市販の製品は，使用する液卵を殺菌しているので食中毒事例はない。また，細菌類が繁殖しにくい条件になるよう，食酢や調味料のバランスを工夫して調整を行っている。一般に，マヨネーズは食酢の殺菌効果で腐りにくい。各メーカーの賞味期限は，製造してから7〜10ヵ月である。使用後はフタを閉めて冷蔵庫（5℃前後）に保存し，封を切った後は酸化により味が落ちてしまうので，開封後は1ヵ月を目安に使い切る。

　手作りのマヨネーズは，十分な乳化や微生物増殖の抑制あるいは殺菌に必要な pH 4 を保つための食酢量のバランス，鶏卵の殺菌ができないので，鶏卵経由でサルモネラ・エンテリティディスが混入した場合は食中毒事故に繋がる危険性が高い。生鮮食品と同じ扱いで製造後すぐ消費する。

2 レモンカード

1) レモンカード製造法（出来上り量 約800ｇ）

原料：レモン……3個（約260ｇ）　　バター……350ｇ
　　　卵……4個（M玉）　　　　　グラニュー糖……450ｇ
器具：包丁，レモン絞り器，さいばし，ボウル（耐熱性），裏ごし器，鍋，木杓子，保存びん
製造工程：

レモン　　　　　　　レモンは表皮をよく洗う。（出来れば国産のレモンを入手すると良い）

水　洗

表　皮　　レモン汁　　　包丁でレモンの表皮を薄くむいたのち，レモン絞り器を用い
　　　　　　　　　　　　てレモンの果汁を絞る。耐熱性ボールに入れる。

耐熱性ボウル

バター　→　　　バターを一口大に小さく切り加える。

卵　→　　　卵はボウルに割り入れよく溶きほぐし，裏ごしにかけてから加える。

グラニュー糖　→　　グラニュー糖を入れ，あらかじめ鍋に沸したお湯の中で湯せんにし
　　　　　　　　　　て，木杓子でかき回しながら，ゆるやかに加熱する。（写真①）

混　合

加　熱

裏ごし　　　バターが溶け，なめらかな液になったら，一度裏ごしてレモンの皮
　　　　　　を除き（写真②），再び耐熱性のボウルにもどし，湯せんにかける。

再加熱　　　時々かき混ぜながら粘性が出るまで煮詰める。（写真③）（湯せんの
　　　　　　湯が弱い沸騰状態で約40分を要す）

びん詰

（殺菌）

製　品　　　あらかじめ煮沸殺菌（沸騰後10分間）したびんに熱いうちに詰める。
　　　　　　長期貯蔵の場合は80℃30分間の殺菌を行う。開封後は冷蔵して数ヵ
　　　　　　月以内に食する。（写真④）

写真 ①　　　　　　　　　　　　写真 ②

写真 ③　　　　　　　　　　　　写真 ④

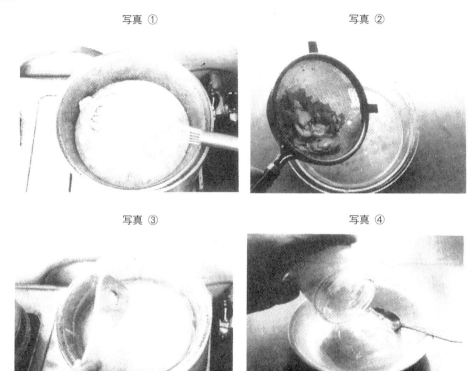

3　ピータン

1)　製造原理

　中国の伝統食品で，石灰や食塩を含む泥状物をアヒルの卵の殻に厚さ，微生物の侵入を抑制する。このアルカリ性の物質が卵殻を通し内部に浸透し，卵白と卵黄をゲル化する。アヒルの卵以外に鶏卵やウズラの卵が用いられている。卵白部に松葉模様のあるものは上等で，松花蛋（ソンホアダン）と呼ばれる。

2)　ピータン製造法（出来上り量　30個）

原料：アヒルの卵………30個　または　鶏卵………　50個
製造用材料：塗布用ペースト

a {
　　草木灰………………………………10 L
　　消石灰………………………………1300 g
　　食塩…………………………………250 g
　　炭酸ナトリウム……………………300 g
　　水……………………………………4～5 L
籾殻……………………………………………15 L

器具：ボウル，蓋付きのカメまたはポリバケツ，ゴム手袋，鍋
製造工程：

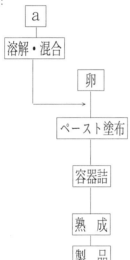

aの食塩，炭酸ナトリウムと水を3 L混ぜ溶解後，草木灰，消石灰を加え混合，適宜水を加え硬さ調節する。

塗布用ペーストを，卵の殻に6～9 mmの厚さに塗り付け，これが互いに付かぬよう，さらに籾殻にまぶす。

隙間に残りの籾殻を詰め，ガスが発生するので，通気できる状態で密閉する。

15℃で約2ヶ月以上暗所で保管

鶏卵は，ゲル化しにくいので，ペーストを洗い落とし，一度煮沸し凝固させる。卵白は透明感のあるゲル状となり，卵黄は暗緑色となる。皮蛋は保存食なので6～8ヵ月は保存できる。
殻を剥き切った直後は，硫化水素臭とアンモニア臭を強く感じる。食べる30分前に切っておくと臭いがうすくなり食べやすい。

資料

　2015年9月の国連総会にて，2030年までの新たな国際開発目標となる「持続可能な開発目標：SDGs（Sustainable Development Goals）」が採択された。正式名称は，「我々の世界を変革する：持続可能な開発のための2030年アジェンダ」。2030年までに世界の貧困を終わらせ，持続可能な世界を実現することを目指している。SDGs の特徴の一つは，開発途上国だけでなく先進国も対象となっていることである。世界中の国々が自国や世界の問題に取り組むことで，貧困を終わらせ，社会的・経済的状況にかかわらずすべての人が尊厳を持って生きることができる，「誰一人取り残さない」世界を実現することが掲げられている。

　SDGs は，17の目標と169のターゲット（具体策）が定められている。目標2は，飢餓をなくすこと，特に子どもたちや脆弱な立場にある人たちが年間を通して安全で栄養のある食料を得られることを目指している。そのなかで，生物多様性や環境・資源を守り，自然災害にも負けない持続可能な農業を進めていくことも目標に含まれており，食に関係している。これらより，加工食品の意義を考えると原材料や製造，消費を含め SDGs の目標の一つとすることが重要である。

　現段階の日本における目標2に示されている安全な食を考える上で重要な食品安全マネジメントシステムについて，近年，見直し改正が続いているので，以下の1から6に整理した。

1．JAS（Japanese Agricultural Standards：日本農林規格）について

　日本農林規格等に関する法律（JAS法）に基づく JAS 制度は，1950（昭和25）年にスタートして現在の形になった。「食品・農林水産品やこれらの取扱い等の方法などについての規格（JAS）を国が制定するとともに，JAS を満たすことを証するマーク（JASマーク）を，当該食品・農林水産品や事業者の広告などに表示できる制度」（農林水産省）である。

　JAS は2017（平成29）年6月23日に公布された「農林物資の規格化等に関する法律及び独立行政法人農林水産消費安全技術センター法の一部を改正する法律」（法律第70号）により，農林物資の規格化等に関する法律（昭和25年5月11日法律第175号）が改正され，2018（平成30）年4月1日に施行された。

　なお，本改正により，法律の題名が「農林物資の規格化等に関する法律」から「**日本農林規格等に関する法律**」に変更されている。

　主な改正内容は次のようである。

① 　JAS 規格の対象を，従来の農林水産物・食品（産品）の品質のほか，産品の生産方法，取扱方法，試験方法等にも拡大

② 産地・事業者の強みのアピールにつながる JAS 規格が制定・活用されるよう，規格案を提案しやすい手続を整備

③ JAS 規格の対象の拡大に伴い，現行の認証の枠組みを拡充するとともに，国際基準に適合する試験機関を農林水産大臣が登録する登録試験業者制度を創設。また，この場合，広告，試験証明書等に JAS マークを表示することができるなど，新たな JAS 規格に対応した JAS マーク表示の枠組みを整備

④ 産地・事業者の創意工夫を生かした JAS 規格の活用が図られるよう，（1）JAS 制度の普及，（2）規格に関する普及・啓発，専門人材の育成・確保及び国際機関・国際的枠組みへの参画等を国及び FAMIC（農林水産消費安全技術センター）の努力義務として明確化

　　この JAS 法改正は，取引の円滑化，ひいては，輸出力の強化に資するよう，JAS 規格を戦略的に制定・活用できる枠組みを整備し，JAS 規格の国際化の推進を図ることが期待されている。JAS についての詳細は農林水産省 HP（URL：https://www.maff.go.jp/j/jas/index.html）を参照されたい。

2．食品表示法

　　食品表示法は，食品衛生法・JAS 法・健康増進法の三法により表示のルールが定められていたが，制度が複雑で分かりにくいものを包括的かつ一元的な制度とするために創設されたものである。2018（平成30）年12月14日に「食品表示法の一部を改正する法律」（平成30年法律第97号）が公布され，「食品表示法」（平成25年法律第70号）が改正された。改正の概要は，平成30年6月の改正食品衛生法により，食品関連事業者等が食品の自主回収（リコール）を行う場合，食品リコール情報の届出が義務付けられたことを受け，食品表示基準に従った表示がなされていない食品の自主回収を行う場合においても，行政機関への届出を義務付ける。施行期日は，公布の日から起算して3年を超えない範囲内において政令で定める日となっている。

　　加工食品の表示に関係する項目で消費者庁 HP（URL：https://www.caa.go.jp/policies/policy/food_labeling/quality/country_of_origin/index.html）において示しているものについて以下に示す。全ての加工食品（輸入品を除く）の重量割合上位1位の原材料について原料原産地の表示が必要となった。2022（令和4）年3月31日までが経過措置期間であるが，それ以降は基準に従って記載される。加工食品の表示は食品によって異なるので，（一社）食品表示検定協会（URL：https://www.shokuhyoji.jp/）で出版している食品表示検定認定テキスト・初級や中級（ダイヤモンド社）などを参考にするとよい。表示に関して網羅的かつ整合性を持って記載がなされた優れたテキストである。

1）新たな加工食品の原料原産地表示制度のポイント

内閣府（URL：https://www.gov-online.go.jp/）からの資料より抜粋

・日本国内で製造または加工されたすべての加工食品が対象

・製品中，最も多く使われた原材料の原産地を表示

・下記の加工食品は原料原産地表示の対象とはならない。

輸入した加工食品（※1），外食，作ったその場で販売する食品（※2），容器包装に入れずに販売する食品　など

※1．輸入した国（原産国）の表示が義務付けられている。
※2．店内で調理された惣菜や弁当など。

2）原料原産地はどのように表示されるのか？

製品中，最も多く使われた原材料の原産地を表示する。2か国以上の原産地の原材料を混ぜた場合は多い順に原産地を表示する。

加工食品は，多くの場合，何種類もの原材料が使われている。原材料一つ一つの原産地を表示しようとすると，場合によっては情報が煩雑になり過ぎ，かえって消費者が混乱してしまうことが懸念される。

そこで次のようなルールにのっとって原材料の原産地が表示されることになった。表示される場所は，加工食品のパッケージになる。

＜原料原産地の表示方法＞

・製品中，最も多く使われた原材料が生鮮食品の場合は，その原産地を表示（国産の場合は「国産」である旨を表示）

・2か国以上の原産地の原材料を混ぜて使っている場合は，多い順に原産地を表示

・3か国以上の原産地の原材料を混ぜて使っている場合は，3か国目以降を「その他」と表示することも可能

・製品中，最も多く使われた原材料が加工食品の場合は，その製造地を表示

・原則の「国別重量順表示」が難しい場合は，一定の条件のもと，「又は表示」，「大括り表示」の表示が可能

（1）原則の「国別重量順表示」の表示例

①　製品中，最も多く使われた原材料が「生鮮食品」の場合

「ポークソーセージ」を例に説明する。

・「原料原産地名」の事項欄を設け，原産地と原料名（かっこ書き）を表示

```
名　　　称  ポークソーセージ（ウインナー）
原 材 料 名  豚肉、豚脂肪、たん白加水分解物、還元水
　　　　　　 あめ、食塩、香辛料／調味料（アミノ酸等）、
　　　　　　 リン酸塩（Na、K）、・・・
原料原産地名  アメリカ産（豚肉）
```

豚肉の原産地はアメリカのみ

```
名　　　称  ポークソーセージ（ウインナー）
原 材 料 名  豚肉、豚脂肪、たん白加水分解物、還元水あめ、
　　　　　　 食塩、香辛料／調味料（アミノ酸等）、リン
　　　　　　 酸塩（Na、K）、・・・
原料原産地名  カナダ産、アメリカ産、その他（豚肉）
```

豚肉の原産地はカナダ，アメリカの順に多いほか，それ以外の産地のものも使われている

・原料原産地を，原材料名の次にかっこに入れて表示

```
名　　　称  ポークソーセージ（ウインナー）
原 材 料 名  豚肉（カナダ産、アメリカ産、その他）、豚
　　　　　　 脂肪、たん白加水分解物、還元水あめ、食塩、
　　　　　　 香辛料／調味料（アミノ酸等）、リン酸塩
　　　　　　 （Na、K）、・・・
```

・原料原産地の表示個所を明記したうえ，枠外に表示

```
名　　　称  ポークソーセージ（ウインナー）
原 材 料 名  豚肉、豚脂肪、たん白加水分解物、還元水あめ、
　　　　　　 食塩、香辛料／調味料（アミノ酸等）、リン
　　　　　　 酸塩（Na、K）、・・・
原料原産地名  枠外下部に記載
```

```
原料豚肉の原産地名
カナダ産、アメリカ産、その他
```

② 製品中，最も多く使われた原材料が「加工食品」の場合

製造地表示

　最も多く使われた原材料が加工食品である場合は，原則として，その加工食品の製造地が「〇〇製造」と表示される。ただし，最も多い原材料に使われた生鮮食品の原産地が判明している場合には，「〇〇製造」の代わりに，その原産地が表示されることもある。

　具体的にどのように表示されるか，清涼飲料水を例にすると次のようになる。

・加工食品の製造地を表示する場合

名　　　　　称	清涼飲料水
原 材 料 名	リンゴ果汁（ドイツ製造）、果糖ぶどう糖液糖、果糖／酸味料、ビタミンC

　上の表示は，りんご果汁がドイツで作られたことを意味しています。りんご果汁に使われたりんごがドイツ産という意味ではない。

　同じように，原材料の加工食品が国内で作られたものである場合には「国内製造」と表示されるが，その加工食品に使われた生鮮食品の産地が国産であるという意味ではない。

・加工食品に使われた生鮮食品の産地を表示する場合

名　　　　　称	清涼飲料水
原 材 料 名	リンゴ果汁、果糖ぶどう糖液糖、果糖／酸味料、ビタミンC
原料原産地名	ドイツ産（りんご）、ハンガリー産（りんご）

　上の表示は，りんご果汁に使われたりんごの原産地がドイツとハンガリーであり，ドイツ産の方がハンガリー産よりも多く使われていることを意味している。

（2）「国別重量順表示」が難しいときは

　加工食品の中には，2か国以上の原産地の原材料を混ぜて使った場合に，原材料の調達先が変わったり，使用量の順番が変動したりして，国別重量順に原産地を表示することが難しい場合がある。そのような場合には，一定の条件の下で，下記のような「又は表示」や「大括り表示」が認められている。

① 又は表示

　過去の使用実績等に基づき使用が見込まれる複数国を，重量割合の高いものから順に，「又は」でつないで表示する方法である。重量割合の高いもの順は，過去の使用実績等に基づいて表示されるため，原料原産地名に近接した箇所に「又は表示」をした根拠が付記される。

・「原料原産地名」の事項欄を設け，原産地と原材料名（かっこ書き）を表示

名　　　　　称	ポークソーセージ（ウインナー）
原 材 料 名	豚肉、豚脂肪、たん白加水分解物、還元水あめ、食塩、香辛料／調味料（アミノ酸等）、リン酸塩（Na、K）、・・・
原料原産地名	アメリカ産又はカナダ産（豚肉）

※豚肉の産地は、令和〇年の使用実績順

・原料原産地を原材料の次にかっこを付して表示

```
名      称   ポークソーセージ（ウインナー）
原 材 料 名   豚肉（アメリカ産又はカナダ産）、豚脂肪、た
            ん白加水分解物、還元水あめ、食塩、香辛
            料／調味料（アミノ酸等）、リン酸塩（Na、
            K）、・・・
```

※豚肉の産地は、令和〇年の使用実績順

　この表示は，豚肉の原料原産地が「アメリカ産のみ」「カナダ産のみ」「アメリカ産，カナダ産」「カナダ産，アメリカ産」の４パターンがあることを意味する。過去の使用実績では，「アメリカ産」のほうが「カナダ産」よりも多く使用されていたことを示している。過去の使用実績に基づいたことを示す根拠として注意書きがされる。なお，「アメリカ産又はカナダ産」と表示されている加工食品には，アメリカとカナダ以外の国の原材料は使われていない。

② 　大括り表示

　３か国以上の外国の原産地を「輸入」と括って表示する方法である。「輸入」と表示されていた場合，国産の原料は使われていない。また，３か国以上の外国産と国産の原材料を混合して使用する場合には，重量割合の高い順に「国産，輸入」，「輸入，国産」と表示される。

・３か国以上の外国産の原材料を使用している（国産原材料は含まない）

```
名      称   ポークソーセージ（ウインナー）
原 材 料 名   豚肉、豚脂肪、たん白加水分解物、還元水
            あめ、食塩、香辛料／調味料（アミノ酸等）、
            リン酸塩（Na、K）、・・・
原料原産地名   輸入（豚肉）
```

・国産と３か国以上の外国産を混合して使用（輸入の方が国産より多く使われている）

```
名      称   ポークソーセージ（ウインナー）
原 材 料 名   豚肉、豚脂肪、たん白加水分解物、還元水
            あめ、食塩、香辛料／調味料（アミノ酸等）、
            リン酸塩（Na、K）、・・・
原料原産地名   輸入、国産（豚肉）
```


③ 　大括り表示＋又は表示

　「大括り表示」のみでは表示が難しい場合には，「大括り表示」と「又は表示」の両方を用いて表示することができる。

名　　　　称	ポークソーセージ（ウインナー）
原 材 料 名	**豚肉**、豚脂肪、たん白加水分解物、還元水あめ、食塩、香辛料／調味料（アミノ酸等）、リン酸塩（Na、K）、・・・
原料原産地名	**輸入又は国産（豚肉）**

※豚肉の産地は、令和〇年の使用実績順

　この表示は，過去の使用実績から，国産を含む4か国以上の原産地の原材料を使っていることを意味する。過去の使用実績では，輸入でまとめた外国の原産地の合計の方が国産よりも多く使われていたことを示している。

3．HACCP（Hazard Analysis and Critical Control Point：危害分析重要管理点）

1）HACCP の日本における状況

　HACCP が日本の食品衛生法に導入されたのは1995（平成7）年10月で先行して実施されていた米国の HACCP を元に創設した「総合衛生管理製造過程」*によってである。この制度の対象食品は，乳・乳製品・食肉製品に追加された容器包装詰加圧加熱殺菌食品・魚肉練り製品・清涼飲料水などであった。2014（平成26）年，厚生労働省は HACCP 導入の促進を図る観点から食品等事業者が実施すべき管理運営基準に関する指針を改正し，従来の管理運営基準に加え HACCP 導入型基準を設定し選択できるようにした。さらに2018（平成30）年に食品衛生法等の一部を改正する法律により，HACCP に沿った衛生管理が制度化された。完全実施は2021（令和3）年6月1日で，すべての食品等事業者が HACCP を導入することとなった。

＊「総合衛生管理製造過程」の承認制度は現在廃止されている

　2018（平成30）年6月13日に公布された食品衛生法等の一部を改正する法律では，原則としてすべての食品等事業者に HACCP に沿った衛生管理に取り組むことが盛り込まれている。改正項目2に示された概要は，次のようである。

　2．HACCP（ハサップ）*に沿った衛生管理の制度化

原則として，すべての食品等事業者に，一般衛生管理に加え，HACCP に沿った衛生管理の実施を求める。ただし，規模や業種等を考慮した一定の営業者については，取り扱う食品の特性等に応じた衛生管理とする。

＊事業者が食中毒菌汚染等の危害要因を把握した上で，原材料の入荷から製品出荷までの全工程の中で，危害要因を除去低減させるために特に重要な工程を管理し，安全性を確保する衛生管理手法。先進国を中心に義務化が進められている。

　HACCP の制度化については，法律の公布日から起算して2年以内に施行することとされて

いるが，制度の本格導入に向けて施行後さらに１年間の経過措置期を設けており，結果とし３年程度の準備期間が設けられていた。

２）HACCP 関連の手引書・情報データベースの紹介

　現在，食品等事業者団体が作成した業種別手引書が厚生労働省の HP で公開されている。

　HACCP に基づく衛生管理のための手引書（URL：https://www.mhlw.go.jp/stf/seisakunitsuite/bunya/0000179028_00002.html）は，いわゆるコーデックス委員会がガイドラインを作成している HACCP チームの編成や製造工程の現場確認，危害分析や記録方法の決定など，その「７原則12手順」に沿ったものとなっている。また，HACCP の考え方を取り入れた衛生管理のための手引書（URL：https://www.mhlw.go.jp/stf/seisakunitsuite/bunya/0000179028_00003.html）は，小規模な一般飲食店事業者向けなど多数の HACCP が示されている。

　また，（一財）食品産業センターでは，HACCP 関連情報データベース（URL：https://haccp.shokusan.or.jp/basis/）が公開されている。

　（公財）日本食品衛生協会では，HACCP の考え方を取り入れた衛生管理のための手引書（URL：http://www.n-shokuei.jp/eisei/pdf/haccp_tebikisyo.pdf）を公開している。

　（一社）日本食品保蔵科学会では，HACCP 支援事業の一環で『HACCP 管理者認定テキスト』（建帛社）を出版しているので，全体概要を知る上で参考になる。

　加工食品を授業で製造する際には，制度の枠組みにあるわけではない。しかしながら，これらを参考にしながら，従来の衛生管理の視点に HACCP の視点を加味して食品を作ることが求められてきている。

４．食品安全管理等の制度・規格概要

　食品安全規制に関しては，食品衛生法等の法令に基づき国及び地方公共団体が実施している。また，民間の規格に基づき民間会社（第三者）が認証するものがある。そのため，基準・規格が重層化して複雑になっている。

　日本から EU に水産物を輸出するためには，輸出品を製造等する施設について，EU の基準（HACCP の考え方，施設基準を含む）に基づき，政府（都道府県（厚生部局）又は農林水産省）の認定を受けなければならない。諸外国の規制による基準は，欧州連合：EC 規則852/2004による HACCP の義務付け，米国：Food Safety Modernization Act（FSMA）による HACCP の義務付け等がある。

　また，民間取引において使われる民間団体が運営する第三者認証例として国際的な機関があるので以下に記載する。

1）**ISO22000：2018**……食品安全マネジメントシステム―フードチェーンのあらゆる組織に対する要求事項は，HACCP システムの原則及び FAO/WHO 合同食品規格委員会（コーデックス）が示した HACCP 適用の 7 原則12手順を計画（Plan），実行（Do），評価（Check），改善（Act）のサイクルを通じて継続的改善を図るマネジメントシステムの形にした ISO 規格である。2018年 6 月に発行され，ISO 22000：2005からの移行期間は2021年 6 月までとなっている。

2）**FSSC22000**……食品安全認証財団（The Foundation of Food Safety Certification）は，オランダの財団で，ISO22000と食品製造に関する一般的衛生管理の基準である英国規格協会（BSI）の PAS220「食品製造における食品安全のための前提条件プログラム」を組み合わせた FSSC（Food Safety System Certification）22000を開発。品質マネジメントシステムの国際規格である ISO9001と食品安全管理の手法である HACCP を内包したもので，食品の流通全体を通じた安全管理のマネジメントを目的とした規格となっている。

3）**GFSI**……国際食品安全イニシアチブ（Global Food Safety Initiative は The Consumer Goods Forum 世界的な食品の流通，製造のネットワーク TCGF 傘下の食品安全の推進母体）

4）**SQF**……Safe Quality Food：安全で高品質な食品を認証した国際認証規格

上記 1 ）〜 4 ）までは，（一財）食品産業センター（URL：https://haccp.shokusan.or.jp/rules/sqf/）参照。

5）**GLOBALG.A.P.**……国際基準の仕組みで，GOOD（適正な），AGRICULTURAL（農業の），PRACTICES（実践）のことで，GLOBALG.A.P.（グローバルギャップ）認証とは，それを証明する国際基準の仕組を言う。世界120か国以上に普及し，事実上の国際標準となっている。（URL：https://www.globalgap.org/ja/）

6）**AIB 食品安全システム**……米国の製パン・製粉技術者の育成機関である米国製パン研究所（American Institute of Baking）が設定した基準「AIB 国際検査統合基準」に則った教育指導・監査システムで，日本では2001年に（一社）日本パン技術研究所が設立され関連会社が AIB 国際検査統合基準を採用している。工場において食品安全のための取り組みがきちんとされているのかを監査するシステムで，異物混入防止対策では大きな効果があると言われている。

（一社）日本パン技術研究所 フードセーフティ事業部（URL：http://www.foodsafety.jp/index.html）

5．製造物責任法（PL 法：（Product Liability）プロダクト・ライアビリティ）

製品（製造物）の欠陥によって消費者が生命，身体又は財産に損害を被った場合において，被害者は製造業者等に対して損害賠償を求めることができる法律である。この場合の「欠陥」

とは，その製造物が通常有すべき安全性を欠いていることで，例えば，電気製品などが，異常に過熱して消費者が怪我をしてしまうような場合である。

　食品では，加工された食品を食べて異物により歯が折れたなどの例がある。食品にカビが生えていたなどは，PL法の損害にはならない。製品の欠陥は，製品自体の欠陥，広告・表示の欠陥に分類される。1995（平成7）年7月の製造物責任法施行から四半世紀を経て，民法（債権関係）改正に伴いPL法第5条（期間制限規定消滅時効）が改正された。施行は，2020（令和2）年4月からである。改正民法において，人の生命・身体への侵害に対する損害賠償請求権の消滅時効期間が，「被害者又はその法定代理人が損害及び加害者を知った時」から3年間とあるのが5年間となり，これを受けて改正PL法においても，同法第5条第2項において条文が新設された。

　消費者庁　製造物責任（PL）法の逐条解説（URL：https://www.caa.go.jp/policies/policy/consumer_safety/other/product_liability_act_annotations/）

6．食品製造業の食品営業許可（改正食品衛生法の営業許可と届出（2021（令和3）年6月1日から施行））

　営業許可制度については，1947（昭和22）年の制定当時に設けられ，1972（昭和47）年までに34業種が順次定められた。その後，2018（平成30）年6月に公布された「食品衛生法等の一部を改正する法律」で見直すこととなり，営業許可業種が次表のように見直された。加えて，許可の要件である施設の基準も改正された。

食品衛生法に基づく要許可業種（計32業種）

1．飲食店営業	11．菓子製造業	23．納豆製造業
2．調理の機能を有する自動販売機により食品を調理し，調理された食品を販売する営業	12．アイスクリーム類製造業	24．麺類製造業
	13．乳製品製造業	25．そうざい製造業
	14．清涼飲料水製造業	26．複合型そうざい製造業
3．食肉販売業（未包装品の取扱い）	15．食肉製品製造業	27．冷凍食品製造業
4．魚介類販売業（未包装品の取扱い）	16．水産製品製造業	28．複合型冷凍食品製造業
5．魚介類競り売り業	17．氷雪製造業	29．漬物製造業
6．集乳業	18．液卵製造業	30．密封包装食品製造業
7．乳処理業	19．食用油脂製造業	31．食品の小分け業
8．特別牛乳搾取処理業	20．みそ又はしょうゆ製造業	32．添加物製造業
9．食肉処理業	21．酒類製造業	
10．食品の放射線照射業	22．豆腐製造業	※下線が引いてある業種は新設業種

https://www.pref.hiroshima.lg.jp/soshiki/172/syokuhineiseihoukaisei.html

1）営業届出制度の創設

・原則，全ての食品等事業者にHACCPに沿った衛生管理が義務付けられることに伴い，営業許可業種及び届出不要な業種以外の全ての食品取扱施設（製造・加工・販売・貯蔵等）

は，管轄の保健所（支所）に届出をする必要がある。

・営業以外の場合で学校，病院その他施設（福祉施設，寮，寄宿舎等）において継続的に不特定又は多数の者に食品を供与する集団給食施設についても準用され，届出が必要となる。なお，施設の設置者又は管理者が調理業務を外部事業者に委託する場合については，受託事業者は許可を受ける必要がある。

・届出する内容は，届出者の氏名，施設の所在地，営業の形態，主として取り扱う食品等に関する情報，食品衛生責任者の氏名などである。

・届出施設は，「食品衛生責任者の設置」と「HACCP に沿った衛生管理」が求められる。

・同一施設で既に営業許可を受けている施設の食品営業者についても，届出が必要である。

2）届出が必要な業種

　Ａ食品衛生法の要許可業種とＣ届出が不要な業種以外の営業が届出の対象となる。

　下表にＡ食品衛生法の要許可業種を示す。

Ａ食品衛生法の要許可業種とＣ以外の届出業種一覧

番号	区分	業種	各業種の範囲
1	旧許可業種であった営業	魚介類販売業（包装済みの魚介類のみの販売）	魚介類販売業（包装済みの魚介類のみの販売）※1
2		食肉販売業（包装済みの食肉のみの販売）	食肉販売業（包装済みの食肉のみの販売）※1
3		乳類販売業	乳類販売業
4		氷雪販売業	氷雪販売業
5		コップ式自動販売機（自動洗浄・屋内設置）	コップ式自動販売機（自動洗浄・屋内設置）
6		弁当販売業	弁当販売業
7		野菜果物販売業	果実卸売業
			果実小売業
			野菜卸売業
			野菜小売業
8		米穀類販売業	雑穀・豆類卸売業
			米穀類小売業
			米麦卸売業
9		通信販売・訪問販売による販売業	無店舗小売業（飲食料小売）
10		コンビニエンスストア	コンビニエンスストア（飲食料品を中心とするものに限る。）

11	販売業	百貨店，総合スーパー	百貨店，総合スーパー
12		自動販売機による販売業（自動洗浄・屋内設置，ただしコップ式自動販売機（自動洗浄・屋内設置）を除く。）	自動販売機による販売業（自動洗浄・屋内設置，ただしコップ式自動販売機（自動洗浄・屋内設置）を除く。）
13		その他の食料・飲料販売業	菓子・パン類卸売業
			菓子小売業
			パン小売業
			飲料卸売業
			飲料小売業
			乾物卸売業
			乾物小売業
			茶類卸売業
			茶類小売業
			酒類卸売業
			酒小売業
			乳製品販売業
			豆腐・かまぼこ等加工食品小売業
			料理品小売業
			卵販売業
			砂糖・味そ・しょう油卸売業
			その他の食料・飲料卸売業
			各種食料品小売業
			他に分類されない飲料品小売業
			その他の農畜産物・水産物卸売業
14	製造・加工業	添加物製造・加工業（法第13条第1項の規定により規格が定められた添加物の製造を除く。）	添加物製造業（法第13条第1項の規定により規格が定められた添加物の製造を除く。）
15		いわゆる健康食品の製造・加工業	いわゆる健康食品の製造業
16		コーヒー製造・加工業（飲料の製造を除く。）	コーヒー製造業（清涼飲料を除く。）
17		農産保存食料品製造・加工業	農産保存食料品製造業
18		調味料製造・加工業	食酢製造業
			その他の調味料製造業
19		糖類製造・加工業	ぶどう糖・水あめ・異性化糖製造業
			砂糖精製業
			砂糖製造業（砂糖精製業を除く。）

20		精穀・製粉業	小麦粉製造業
			精米・精麦業
			その他の精穀・製粉業
21		製茶業	製茶業
22		海藻製造・加工業	海藻加工業
23		卵選別包装業	卵選別包装業
24		その他の食料品製造・加工業	でんぷん製造業
			蒟蒻原料（蒟蒻粉）製造業
			他に分類されない食料品製造業
25	上記以外のもの	行商	行商
26		集団給食施設 ※2	学校
			医療機関
			福祉施設
			事業場
			その他
27		器具，容器包装の製造・加工業（合成樹脂が使用された器具又は容器包装の製造，加工に限る。）	器具，容器包装の製造
28		露天，仮設店舗等における飲食の提供のうち，営業とみなされないもの	露天，仮設店舗等における飲食の提供のうち，営業とみなされないもの
29		その他	その他

※１：専ら容器包装に入れられた状態で仕入れ，そのままの状態で販売する営業。
※２：営業者には含まれないが，届出の規定が準用される。
届出業種については，日本標準産業分類を基に業種分類されている。代表的な営業の形態に応じた分類の届出をする。
厚生労働省　薬生食監発0331第２号　令和２年３月31日より抜粋

３）Ｃ届出が不要な業種（許可又は届出が不要な業種）

　公衆衛生に与える影響が少ない営業として規定されている以下の業種の営業者については，許可又は届出は不要となっている。

C 届出が不要な業種（令和3年6月1日〜）

1　食品又は添加物の輸入業
2　食品又は添加物の貯蔵のみをし、又は運搬のみをする営業（食品の冷凍又は冷蔵倉庫業を除く。）
3　常温で長期間保存しても腐敗、変敗その他の品質の劣化により食品衛生上の危害の発生のおそれがない包装食品の販売業
4　器具・容器包装（合成樹脂製以外）の製造業
5　器具・容器包装の輸入又は販売業

https://www.pref.hiroshima.lg.jp/soshiki/172/syokuhineiseihoukaisei.html

・食品・添加物の輸入業

・食品・添加物の運搬・貯蔵のみを行う営業（食品の冷凍・冷蔵業は除く）

・容器包装に入れられ，または容器包装で包まれた食品・添加物のうち，常温で品質が長期間劣化しないものを販売する営業（例：カップラーメン，ペットボトル入り飲料）

・合成樹脂以外の器具・容器包装の製造業

・器具・容器包装の輸入・販売業

・食品衛生法上の「営業」に該当しない業種（農業，水産業）

　※学校・病院等の営業以外の給食施設のうち，1回の提供食数が20食程度未満の施設や，農家や漁業者が行う採取の一部とみなせる行為(出荷前の調整等)についても届出対象外となる。

　2021（令和3）年11月18日に密封包装食品製造業の対象食品が変更された（厚生労働省HP）ので必要に応じて確認されたい。

7．資料のまとめのコメント

　今回法改正に合わせ資料内容を見直して記載したが，逐次法改正等が行われるので必要に応じて確認をお願いしたい。

　食品加工学実習や食品製造実習では，基礎的な学問の食品学分野や食品衛生学の他にも様々な学問が関係しており，幅広さと深さが求められる実習である。

　食品加工学実習は，実際に様々な加工食品を作る基礎技術を習得すると同時に，その知恵を学びながら，原材料の性質や特徴・加工原理を学ぶ。さらに，製造後の製品評価を多角的視点で行うことにより，日常生活での加工食品の選択がより安全・安心なものとなり，健やかな食生活の基礎を作ることができる。加えて，本実習を通して食への興味を広げ，食の原点を見つめなおし，真に豊かな食生活に貢献することを目的としている。特に管理栄養士や栄養士を目指す学生の方々には，加工食品の適切な取り扱いと食品開発に関わる基礎的技術の習得も目指す。授業内に製造した食品に表示ラベルを付けたり，HACCPの簡単なプラン作りなどにも挑戦していただくと，より学習が深まるので無理のない範囲で少しずつ取り入れていってほしい。

おわりに～本書を活用して加工食品を作る方へ～

このテキストでは実施材料が2～4人で行う作業を想定しているので，取り扱う量や道具は適宜変えていただきたい。あと，食塩や砂糖を使う機会が多いが，塩は精製塩でもよいが昔ながらの粗塩なども趣があってよい。砂糖も精製糖ではなくきび糖やてんさい糖等もよいが，食品加工学実習では砂糖の保管や素材を生かしてすっきりした甘味にするため，基本はグラニュー糖を使用している。自宅で食品を作る際は上白糖でも好みの糖でもよい。いろいろ作ってみると自分の好みが分かってくるようだ。取り扱う量や道具を変えると指定した時間や温度も変わることがある。まずはチャレンジが大切なので，恐れずに加工食品を作ってみよう。

調理する技術は重要で，全く料理が作れなくとも今の時代ではなんとかなるが（日本の食品産業の力はすごいと思う），食の健全性や楽しみを享受するにはそれなりに苦労するのではないかと思う。調理と似ているけれど，ちょっと実験にも近い，そんな技術の一つに加工食品の製造がある。加工食品を作るというとなんだか大げさに聞こえるのだが，季節の野菜で干し野菜や漬け物を，果物でジャムを作る（電子レンジを使うと少量で素早くできる）。生クリームからバターを作る。小麦粉でクッキーやパンを作る。少しハードルが高いかもしれないが，ピーナッツからピーナッツクリームを作る。大豆から味噌や納豆を作ってみる。加工食品の種類はいろいろあるし，原料が形を変え一つの食品に変化する過程は，まさに驚きの連続である。まず感動，それが大切であると考える。そこには先人の知恵があるし，素材のこと，工程中の変化に対する観察，衛生的に安全に作るための配慮，何よりも美味しく作ろうとする熱意と工夫が必要だ。一ビンのジャムや一塊のバターはそのことを教えてくれる。そして，自ら何かを作ることで食品の判別能力は向上して行く。

食材から食品へ変えていくことは知恵の伝承や生活に潤いと喜びをもたらす。食の問題が様々に取り上げられている今だからこそ，加工食品について体験から学び，食生活に反映させていただけたら，かれこれ40年に渡り加工食品の製造を学生の方々と共に行い，彼らの喜ぶ顔をみたいと努めてきた筆者としては，これに勝る喜びはない。

　　　　　　　　　　皆様のご健勝を祈念して筆を置かせていただく。

著書略歴

仲尾玲子　東京農業大学大学院修士課程修了
　　　　　元　山梨学院大学　教授
中川裕子　山梨大学大学院工学研究科　工学博士　管理栄養士
　　　　　現職　山梨学院短期大学　教授

第8版　つくってみよう加工食品

1989年11月10日　第1版第1刷発行
1996年10月15日　改訂版第1刷発行
2000年10月15日　第3版第1刷発行
2004年10月15日　第4版第1刷発行
2008年4月1日　第5版第1刷発行
2011年8月10日　第6版第1刷発行
2019年8月10日　第7版第1刷発行
2022年4月10日　第8版第1刷発行

著　者　仲　尾　玲　子
　　　　中　川　裕　子
発行所　㈱　学　文　社
発行者　田　中　千津子

東京都目黒区下目黒 3－6－1　〒153－0064
電話 03 (3715) 1501　振替 00130－9－98842　　　　検印省略
https://www.gakubunsha.com

ISBN978-4-7620-3145-8